친환경 도시를 위한 입면녹화 매뉴얼

친환경 도시를 위한 입면녹화 매뉴얼
Vertical Garden for the city

지은이   NPO 옥상개발연구회 입면녹화실무팀
번역   조창건
감수   양병이

역자의 글

2003년 4월 동경농업대학교 조원과학과(조경학과)에 입학하여 2학년 때 콘도미쯔오(近藤三雄) 교수님의 강의를 듣고, 처음으로 『도시공간에서의 특수녹화』란 것을 접하게 되었습니다. 그 중에서도 특히 벽면녹화에 대해 관심을 가지게 되었으며, 그 후 콘도교수님의 도시녹화기술연구실에서 활동을 시작하게 되었습니다. 도시녹화기술연구실에서 많은 녹화관련 실험과 학습을 하면서 본인의 졸업논문과 석사논문도 벽면녹화기술에 관련된 주제로 연구를 진행하여 조경학석사를 취득하였습니다.

개인적으로 유학 당초부터 학자가 되고 싶다기 보다는 사업을 하고 싶은 욕심이 많아 일반적인 유학생들과는 달리, 녹화관련 학문의 학습과 동시에 많은 사람과 접하며, 정보를 수집하고 네트워크 형성을 위한 활동에 전력을 다하였습니다.
이 모임의 특징은 교수님들이 중심이 아닌 현장에서 입면녹화의 설계, 시공, 관리 등에 종사하는 실무자 분들이 중심이 되어 입면녹화의 현실정과 문제점, 그리고 발전 및 보급방안 등에 관하여 논의하는 것이라고 말 할 수 있습니다. 콘도교수님의 지인인 타케나카공무점(竹中工務店)의 콘노(今野英山) 씨의 소개로 학생신분으로는 유일하게 2007년도부터 귀국하는 2010년 6월까지 활동하였습니다.

이러한 활동 중의 하나가 NPO옥상개발연구회 기술개발분과위원회의 입면녹화실무팀의 일원으로서의 활동이며, 그 결과 『美しいまちをつくる』ための壁面綠化』라는 책의 발간으로 이어졌습니다(한국판의 제목은 직역하지 않고 수정하여 출판).
이 책은 입면녹화실무팀 활동의 중간 성과물로서 2009년 6월에 발행되었으며, 앞에서 설명드린 바와 같이 실무자들이 모여서 논의 끝에 제작된 만큼 입면녹화 계획에서 설계, 시공, 관리에 대한 현장감 있는 포인트를 중점적으로 정리되어 있습니다.

최근 한국에서도 생활수준의 향상과 함께 도심의 녹화에 대한 관심이 높아지고 있으며, 서울시를 중심으로 한 대도시에서는 인공지반녹화사업이 지속적으로 늘어나고 있습니다. 특히, 입면녹화는 옥상녹화보다 보다 넓은 면적을 녹화할 수 있는 가능성을 가지고 있으며, 환경개선효과는 물론, 도입 용도에 따라서 부가적인 효과의 기대치가 높아, 증가하고 있는 경향을 보이며, 현재 서울시청사에서도 대규모 입면녹화 계획이 진행 중에 있습니다.
하지만 입면녹화는 수직이라는 대단히 열악한 환경 속에서 식물이 성장해야만 하므로 국내뿐만 아니라 일본 등 세계각지에서도 보다 나은 기술개발, 유지관리의 최소화를 목적으로 꾸준히 연구가 진행되고 있습니다. 한국에서도 입면녹화의 성공적인 실시계획을 위해서는 단지 도입에 급급하기 보다는 지속적인 경관유지를 위한 관리에 대한 인식변화와 체제확립이 우선

시 되어야 하며, 관련 민간기업 및 공공단체에서 지속적인 시행착오를 통한 연구와 기술개발
이 필요하다고 생각합니다.

본인은 입면녹화에 대한 기술력이 한국보다 조금이나마 앞서있는 일본의 경험을 소개함으로
서 입면녹화의 보급에 기여하고 싶다는 기대감에 이 책의 번역을 결심했습니다. 그리고 개인
적으로는 이 책을 통해 한국의 조경업계는 물론, 나아가 건설업계의 선후배님들께 인사 드리
는 자리가 되었으면 합니다.
참고로 일본 원판 제작팀의 활동지가 동경을 중심으로 하고 있어, 식물리스트 등의 자료가 동
경(남부수종)을 중심으로 작성되어 있다는 점에 대해서 독자분들의 넓은 이해를 부탁드립니다.

끝으로 흔쾌히 이 책의 감수를 맡아주신 양병이 교수님과 번역본 출간을 허락해 주신 NPO옥
상개발연구회 입면녹화실무팀 리더인 오카모토(岡本幹太) 씨를 비롯한 멤버들과 원본 자료와
데이터를 제공해주신 마루모출판(マルモ出版)의 코바야시(小林哲也) 씨, 번역본 출판에 이르
기까지 애써주신 도서출판 조경의 백정희 편집장님과 관계자분들께 진심으로 감사드립니다.

2012년 6월
역자 **조창건**

프롤로그

'아름다운 도시만들기'를 위한 입면녹화

도시의 아름다움이란, 바라보는 시점에 따라 시각적 도시경관으로서, 미관으로서, 또는 오감을 자극하는 종합적인 시점으로서 등 그 의미가 달라진다. 우리 입면녹화실무팀에서는 '오감을 자극해 신체적인 편안함을 가져다주는 『아름다운 도시』란 무엇인가?'를 좇아 보고자 했다.

좁은 의미로는 건물의 형태나 벽면의 통일을 추진함으로서 나타나는 도시경관의 회화적인 느낌, 그 좋고 나쁨이 거리경관의 대부분을 결정하고 거리의 경관이 도시의 경관을 좌우한다. 하지만 도시경관도 환경요소의 하나로 생각해 넓은 의미로서 개념을 정의해보면 생태계의 일부가 된다. 도시의 아름다움은 도시의 역사와 경관, 나아가서 거리의 안전성과 쾌적함, 거리를 걷는 사람들의 즐거움이 드러나는 표정으로 형성된다.

도시인들은 가로수의 그늘에서 잠시의 휴식 속에 만난 다양한 생물과 식물들이 자연의 섭리에 따라 한 공간 속에서 인간과 함께 생존하고 있는 것을 보면서 감성적으로 충전되는 듯한 기분을 느껴 보았을 것이다. 꽃을 보면서 계절을 느끼고, 나무의 싹이나 꽃의 향기에 의해 마음이 차분해지기도 한다. 공원에서 뛰노는 어린이들의 함성, 이른 아침 새들의 지저귐 등 오감으로 느끼는 생태계는 자연과 공존하는 편안함을 주고, 이를 추구하는 행위가 도시를 아름답게 만드는 계기가 될 것이다.

일본인은 마을숲을 통해 여러 세대에 걸쳐서 식물과 동물, 물질의 순환지속성의 지식과 경험으로 생태계를 지켜온 역사를 가지고 있다. 예전에는 도시에서도 생태계를 유지하고 있었지만, 산업사회 이후 이 생태계와 지역의 기상학을 무시하며 도시를 만들어 온 탓에 지구환경문제, 도시홍수, 열섬현상, 생물다양성, 폐기물 처리문제가 심각하게 제기되고 있다. 21세기는 『환경의 세기』라고 불리우며, CO_2 삭감, 교토의정서 엄수, 교토메커니즘, 열섬현상대책 등 도시를 유지하기 위한 도시생태학 관점에서의 접근이 반드시 필요하다. 도시에도 생태계가 형성되어 있지만, 최근 이 도시생태계가 무너져가고 있다. 이를 해결할 수 있는 근본은 과거 우리 선조들이 자연과 공생하며 살아가던 생활에서 배울 점이 많다. 지금까지의 도시계획에 생물다양성 등 도시생태계 시점에서의 접근을 추가하여 아름다운 도시로 이끌어가야 할 것이다.

21세기의 도시만들기에 요구되는 입면녹화는 형태적인 특색을 살려, 경관적으로도 상당히 큰 역할을 하기 때문에, 도시의 녹화로서 적합하다. 또한 경관뿐만 아니라, 공원 등 지상의 녹지와 옥상녹화 공간에서 살고 있는 생물의 움직임을 연결시켜 네트워크화 하는 역할도 효과적이라 생각한다.

이 책에는 '아름다운 입면녹화'라고 느끼는 인간의 오감에 의한 평가구조를 분석해, 그 효용과 효과를 검증한 설계, 시공, 유지관리에 대해서 종합적으로 연구해 온 결과를 수록했다. 입면녹화 조성의 참고 매뉴얼로 활용될 수 있기를 바란다.
우리 NPO법인 옥상개발연구회 기술개발분과위원회는 앞으로도 도시생태학, 도시기상학, 도시심리학의 시점에서 녹지의 바람직한 역할뿐만 아니라, 입면녹화에 관한 사례, 기술을 통해 도시의 아름다움을 제안해 나가고자 한다.

NPO법인 옥상개발연구회 입면녹화실무팀

보고서 참가 멤버

【주　사】岡本幹太郎（日本設計）	【멤　버】澤田健二（ダイトウテクノグリーン）
【부주사】佐久間護　（竹中工務店）	趙　昶健（東京農業大学大学院）
【간　사】松本薫　　（アルザシー＆ディー）	木田幸男（東邦レオ／理学博士）
【멤　버】橋本芳　　（鹿島建設／農学博士）	珠数　孝（東邦レオ）
金山典生　（サントリーミドリエ）	松本知美（東邦レオ）
大久保卓也（杉孝）	本島照美（日本植木協会）
眞家道博　（杉孝）	須崎久夫（日本植木協会）
今野英山　（竹中工務店）	細谷俊之（日本地工）
三坂育正（竹中工務店／工学博士）	小川大介（日本地工）
後藤良昭（田島緑化）	武内孝純（日比谷アメニス）
小川和人（田島ルーフィング）	藤田　茂（緑花技研）
牧　　隆（ダイトウテクノグリーン）	（※소속기관 50 음순）

가로수가 도시를 변화시킨다

식물을 통한 도시재생

도시재개발과 교외지역의 신도시 조성에 있어서 우선적으로 가로수를 결정하는 것은 색다른 방법이다. 주민이 구체적으로 도시녹지를 형상화하기 쉬운 비전을 공유할 수 있는 장점이 있기 때문이다. 가로수가 자라면서 도시이미지에 맞는 건축군이 형성되고, 나아가 그 분위기를 연출하는 상점군이 형성되어, 초기의 계획에 맞는 방향으로 변화하게 된다.

green power

식수당시의 메이지 신궁 외원 (1920년대)(위) 가로수도 4열로 식재하면 숲과 같은 분위기를 연출한다(단면)(아래).

오모테산도(表参道)는 과거에는 주택가였으나, 느티나무 가로수가 자리를 잡고 점차 공간의 명물이 되면서 오픈 카페, 부티크, 고급 브랜드점 등이 점차 늘어나게 되었고, 가로수와 어우러져 보행자들에게 시각적인 즐거움을 안겨주어, 긴자(銀座)와 맞서는 명품거리로 자리 잡았다. 최근에는 유명한 건축가의 작품들이 하나둘씩 자리잡으며, 건축문화를 즐길 수 있는 거리로도 알려지게 되었다. 반세기 가량 지속된 느티나무 가로수가 도시이미지는 물론, 인간환경에 미친 영향은 놀라울 정도다.

01

02

03

느티나무 가로수와 함께 발전해 온
오모테산도(表参道)

O1 주택지 시대 (1950년대)
O2 오픈 카페 시대(1990년대)
O3 브랜드SHOP 시대(2000년대)

목차

제1장

일본 전통마을숲과 입면녹화

일본 전통마을숲의 모습

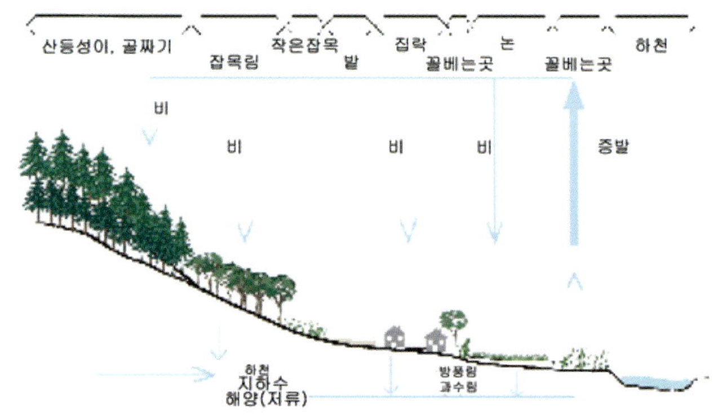

물의 순환(탄소, 질소순환도 같다)

아름다운 도시를 만드는 입면녹화에 대해 이야기할 때, 도시생태계의 요소를 제외해서는 안된다. 생태계를 고려한 입면녹화란 구체적으로 어떤 것인지, 그 힌트를 일본의 전통적인 마을숲(里山)에서 찾아 볼 수 있다.

1. 일본 전통마을숲의 생태계 이용방법

일본에서는 전통적으로 생물의 특성을 숙지해 계절별 이치에 맞추어 마을숲을 이용했다. 연료를 비롯한 비료와 식량, 농업자재에 이르기까지 일상생활에 필요한 물건을 마을숲에서 얻어 왔으며, 그러기 위해 일본인은 마을숲을 더욱 철저히 파악해 유효하게 이용하기 위해 신경을

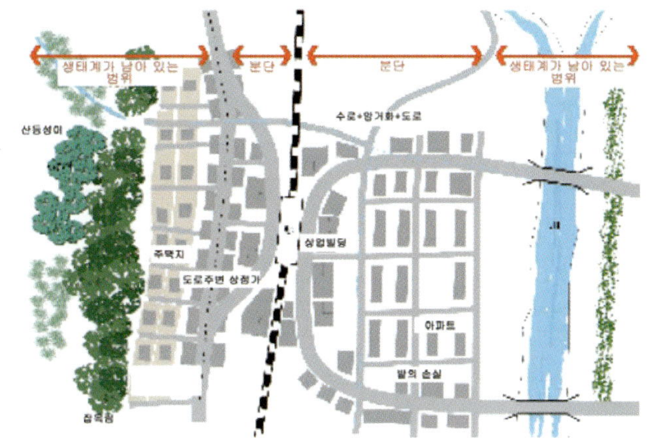

도시화로 인한 생태계 단절

기울여 왔다. 숯을 만드는 참나무, 상수리나무의 간벌은 광합성 물질을 줄기에 저장하는 늦가을에 실시하고, 열기를 가져다 주는 숯 만들기 작업은 겨울에 실시했다. 봄에는 산채를 채취하고, 가을에는 버섯이나 열매를 수확했으며, 양질의 대나무를 얻기 위해서 간벌의 계절이 정해져 있었다.

가장 중요한 특징은 지속적인 이용을 항상 염두에 두었다는 것이다. 산채를 채취할 때 반드시 몇 장의 잎을 남겨 두고 채취하여 다시 다음해에도 채취할 수 있도록 하는 등 이러한 세심한 배려에 의해서 자연과 공존이 가능하도록 하며 생활을 유지하였다. 땔감을 위한 간벌도 같은 원리이다. 많은 양을 베지 않고, 매년 조금씩 분류해서 간벌하여 이미 베어낸 장소에서 새롭게 나무가 성장해 단절됨없이 본래의 숲의 모습을 유지하도록 했다. 벌채지에서 초지로, 저목림에서 고목림으로 이처럼 다양한 환경이 만들어지는 것은 생활하는 생물에게도 좋은 일이다. 초지에서만 살아야 하는 생물은 대부분 지역이 산림이 되면, 살 수 있는 지역이 한정되어 버린다. 반대로 산림을 전부 벌채해 버리면, 산림성 동물은 생육할 수 없게 된다. 동물중에는 사는 장소로서 숲을, 먹이를 취득하는 장소로서 초지를 복수의 환경으로 이용하기도 한다. 사람이 땔감을 지속적으로 얻기 위한 방법이, 동시에 많은 생물의 생존을 보장하고 있는 것이다.

2. 현재의 도시상황

현대 도시는 마을숲과 같이 자연과의 지속가능한 관계는 무시되고 도로나 건물 등 아스팔트나 콘크리트로 덮어버려 생태계를 파괴하고 있으며, 이에 따라 도시의 열섬현상이나 도시홍수, 생물다양성의 문제가 발생하고 있다.

도시의 생태계를 숙지하고 유효하게 이용함으로서 인간뿐만이 아니라 도시에 살고 있는 모든 생물이 함께 즐겁고 아름다운 도시를 만들어 갈 수 있다. 공원이나 가로수는 어느

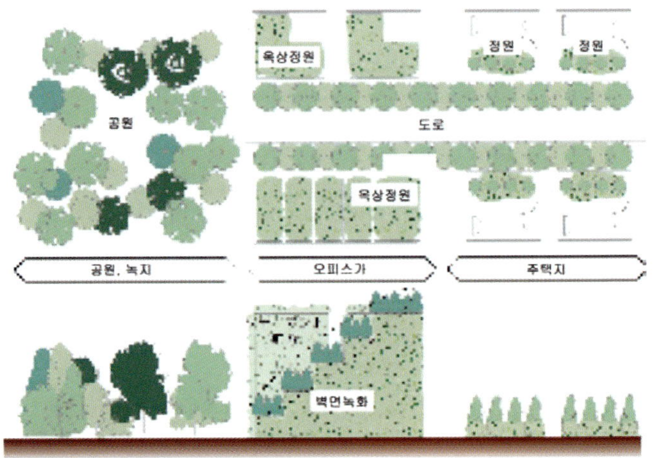

그린네트워크와 연속성에 의한 생태계보전

정도 네트워크화 되어 있지만, 지상녹지와 옥상녹화는 각각 독립된 상태에 있다. 이를 생물의 입장에서 고려하여 생태계를 연속시킬 수 있는 세심한 배려가 필요하다.

3. 도시의 생태계

도시에도 생태계는 남아있다. 도시환경문제의 해결을 위해 이를 발견해 부활시켜 네트워크를 형성해 나가는 것은 매우 중요하다. 지상의 녹지와 공중의 녹지를 연결해주는 입면녹화는 생물의 이동을 도와주며, 열섬현상등의 도시문제의 해결에도 크게 도움을 준다. 도시의 생태계를 조사해 그 구조를 이해하여 네트워크화하는 작업은 상당히 중요하다고 할 수 있다.

4. 생태학적 입면녹화

수분, 탄소, 질소의 순환을 원활히 하기 위해서는 건전한 토양, 분해자로서의 미생물, 생산자로서의 식물, 그것을 수분受粉으로 도와주는 곤충 등의 생물, 식물연쇄로 유기물을 무기물로 변환하기 위한 동물 등 모든 생물이 도시환경을 위해 하고있는 역할은 지대하다. 이를 물질순환이라 하며, 이에 의해 지속적인 세계가 생겨난다. 다양한 생물이 생존할 수 있는 공간을 만들어 줌으로서 아름다운 도시를 만들 수 있다.

지금까지 보아온 자연과의 연관 속에서 입면녹화를 생각해 보면, 산림의 주변에는 경계 영역으로서 군락이 형성되어 있다. 이를 도시구조의 식생계획에 반영하면, 형태적으로는 군락을 입면녹화로 생각해 디자인 할 수 있겠다. 편리성을 추구해 도시에 집중하는 것이 인간의 성질이라 해도 녹지를 필요로 하기 마련인데, 이 대목에서도 입면녹화의 가능성이 엿보인다.

도시가 식물이나 자연에 뒤덮여 인간뿐만 아닌 다른 동식물도 살 수 있는 생태계를 형성해나가는 것은 미래의 도시에 요구되고 있다. 마을숲과 같이 사람의 활동을 통해 생태계가 아름답게 유지되어, 도시부의 수직 캔버스에서 자연의 생성이라는 메시지를 전파하는 입면녹화는 도시공학과 도시생태와 인간심리의 요소를 반영한 살아있는 『아름다운 도시 만들기』의 주역이 될 수 있다.

5. 입면녹화의 미래

식재기반이 빈약하고 관수장치만 의존하여 간신히 생육하고 있는 입면녹화는 개량할 여지가 있다. 현재의 입면녹화는 발전 중의 단계로 단지 벽면이 중요하다는 것을 깨닫기 시작한 시기에 불과하다. 앞으로 오랜시간 생육가능한 식물을 도입한 입면녹화의 개발이 기대된다. 입면녹화를 기술지상주의, 성능만능주의에서 탈피해 전통적인 기법과 미적공간의 표현으로서 정원과 같은 아름다움을 뿜어낼 수 있다면 도시는 인간과 생물이 공존하는 아름다운 생태도시가 될 것이며, 사계절의 풍부한 표정을 연출해낼 것이다.

■ 참고문헌 ■

岩槻邦男監修、NPO樹木環境ネットワーク協会編: グリーンセイバー「植物と自然の基礎を学ぶ」(2005)

田川日出夫: 植物の生態; 共立出版(1991)

瀬戸昌之: 生態系「人間存在を支える生物システム」; 有斐閣ブックス

伊井野雄二: 里山の伝道師「里山は人が育て、人を育てた自然である」; コモンズ(1991)

松本一浩: 野菜レシピ図鑑; 学習研究社(2005)

中島るみ子: どっこい生きている「東京の野生動物大探検」; 文春文庫ビジュアル版

白砂信夫: 「壁面緑化の作法」; 花のある風景: ランドスケープデザインno.57

제2장

아름다운 입면녹화

아름다운 입면녹화를 창출하기 위해서는 보는 사람이 '아름답다'는 판단을 할 수 있는, 입면녹화의 평가기준과 구체적인 계획요소를 도출하는 것이 중요하다.

그 점에 관한 구체적인 연구로서는 「환경보전과 경관창출을 목적으로 한 입면녹화시스템에 관한 조사연구 보고서」가 있다. 이 장에서는 그 보고서를 기초로 하여 일반인의 입면녹화에 관한 평가기준(식물로부터 받게 되는 인상, 인위적인 관리의 정도, 건물과 주변과의 관계 등)과 구체적인 계획요소(건물과 주변환경, 식물과 생육, 계획·관리)를 도입해 「아름답다」는 인식이 어떤 식으로 정의되고 있는지를 파악해 보았으며, 「아름다운 입면녹화」의 구체적인 평가기준과 계획요소를 도출하였다.

이 검토에 대해서는 입면녹화에 관한 높은 문제의식과 기술적인 배경을 가진 일본 옥상녹화개발연구회 입면녹화 실무팀의 멤버를 대상으로 실시했다.

1. 아름다운 입면녹화에 대한 평가

녹지의 기능이라는 관점으로 랜드스케이프 연구를 종합하면, 녹지의 기능은 환경보전, 레크레이션, 방재, 경관형성의 4가지로 분류된다. 경관형성에 있어서 녹지의 심리적인 효용에 관한 조사연구로는 ①녹지의 물리적 특성과 주변 주민의식의 관계 ②녹화가 콘크리트 구조물의 경관평가에 미치는 영향을 고찰 ③수목이 어떻게 보이는가 등의 시지각에 관한 것 등이 있다. 하지만, 이러한 연구의 대부분은 녹지가 충당해야 할 물리적 특성의 파악이 주목적이며, 인간의 심리적인 평가구조에 대해서는, 미리 준비된 평가척도(이미지 언어)를 분류하는 정도에 그치고 있다.

입면녹화를 비롯한 특수공간 녹화에 관해서도, 그 의도와 효과, 계획·시공·유지관리에 관한 기술과 요점 등이 정리되어 있으나 입면녹화의 심리적인 효과에 관해서는 도시의 환경개선 등이 거론되고 있지만, '도시의 미화' 또는 '여유, 편안함의 향상' 등의 추상적인 표현에 그치고 있으며, 심리적인 효과를 얻기 위해서 어떤 점을 배려해야 할지 정의를 내리지는 않고 있다.

입면녹화의 시각적 효과에 관해서는, 주변과의 조화와 건물이 주는 압박감의 완화효과에 주목한 연구가 있으나 고려된 물리적 특성으로 녹화된 건물과 주변 건물의 높이 및 벽면에 있어서 녹화의 평면적인 패턴 정도에 한정되어 있다.

따라서 시각적·심리적인 측면으로부터, 입면녹화에 관한 평가의 구조를 파악해, 일반인에게 받아들여지기 쉬운 입면녹화의 패턴(또는 방법)을 명확히 하는 것을 목적으로 조사를 실시하였다.

2. 평가 그리드 법

조사기법은 평가 그리드 법을 사용했다. 이 방법은 임상심리학 분야에서 환자의 치료목적으로 개발된 방법을 인간의 평가구조 파악을 위해 개선한 방법으로, 각종 건축공간의 쾌적성에 대한 연구뿐만 아니라, 상품과 서비스에 대한 이용자의 필요성과 사양에 관한 상관성을 찾는 실용적인 면에서도 널리 사용되고 있다.

이 기법을 채택한 이유는 다음과 같다.

① "당신이 좋다고 생각하는 입면녹화는 어떤 것입니까?"라고 직접 묻는 것이 아닌, 복수 사례의 선호도를 비교해서 그 판단이유를 물어 언어화한다.

② 상향식, 하향식의 두 가지 프로세스에 의해, 어떤 판단이유를 기준으로 하였는지에 대한 정보를 구조적으로 유출할 수 있다.

③ 조사의 순서가 정해져 있어, 조사자의 개인적인 능력에의 의존도가 낮고 조사자의 주관의 개입을 최소한으로 줄일 수 있다.

④ 유출한 언어의 구조화에 의해 심리적인 가치와 물리적인 특성과의 상관성을 해명할 수 있다.

3. 조사결과

평가 그리드 법에서 조사결과를 정리한 네트워크를 [그림 2-1]에 나타냈다. 도출된 언어를 인상과 심리적인 가치로 표현하는 것과 물적 특성을 표현하는 것으로 분류해, Laddering에 의한 관련성을 선으로 연결해 표현했다. 나아가 네트워크를 기준으로 입면녹화의 인상과 심리적인 가치에 해당하는 항목을 9개의 지표로, 물리적 특성에 해당하는 항목을 14개의 지표로 정리했다.

이 조사결과는 입면녹화사례를 평가하는 기준(평가기준)이 되어, 전자의 경우 아름다움과 입체감 등 식물로부터 직접적으로 받는 인상뿐만 아니라, 자연성과 계획성을 가미한 인위적 관여의 정도, 건물과 주변과의 관계와도 관련성이 있다는 것을 알았으며, 후자의 경우 외벽의 색상과 소재, 주변의 상태 등 건물과 주변 환경에 관한 것, 식물이 피복된 범위와 볼륨 등 식물의 생육에 관한 것, 디자인성과 성장특성, 관리상태 등 계획·관리에 관한 사항도 포함되어 있다. 이러한 점은 입면녹화의 계획단계에서 고려해야 할 요소라고 말할 수 있다.

4. 아름다움에 대한 인식

아름다움은 선호도에 관련되는 중요한 평가기준이다. 대부분의 피험자가 선호의 이유로 아름답다고 기입한 것으로, 이것을 중요한 평가기준으로 생각할 수 있다.

조사 결과를 보면, 아름답다 혹은 깔끔하다고 느끼는 것은, 【식물의 생육】 항목에서는 '식물이 알맞은 볼륨을 가지고 있다, 생생하다'고 평가된 것이 많고, 【계획·관리】의 항목에서는 '식물이 건축디자인에 적용되어 있다, 규칙적인 간격으로 설치되어 있다, 관리가 잘 되어 있다, 식물이 늘어져 있다'는 평가가 두드러진다.

반면 지저분하다 혹은 답답하다고 느끼는 것은, 【식물의 생육】항목에서는 '식물이 창문을 덮고 있다, 볼륨이 너무 크다(너무 작다), 식물이 말라있다'고 평가된 것이 많고, 【계획·관리】항목에서는 '불규칙적인 간격으로 설치되어 있다, 관리가 안 되어있다(잡초가 눈에 띈다, 방치되어 있다)'는 평가가 많았다.

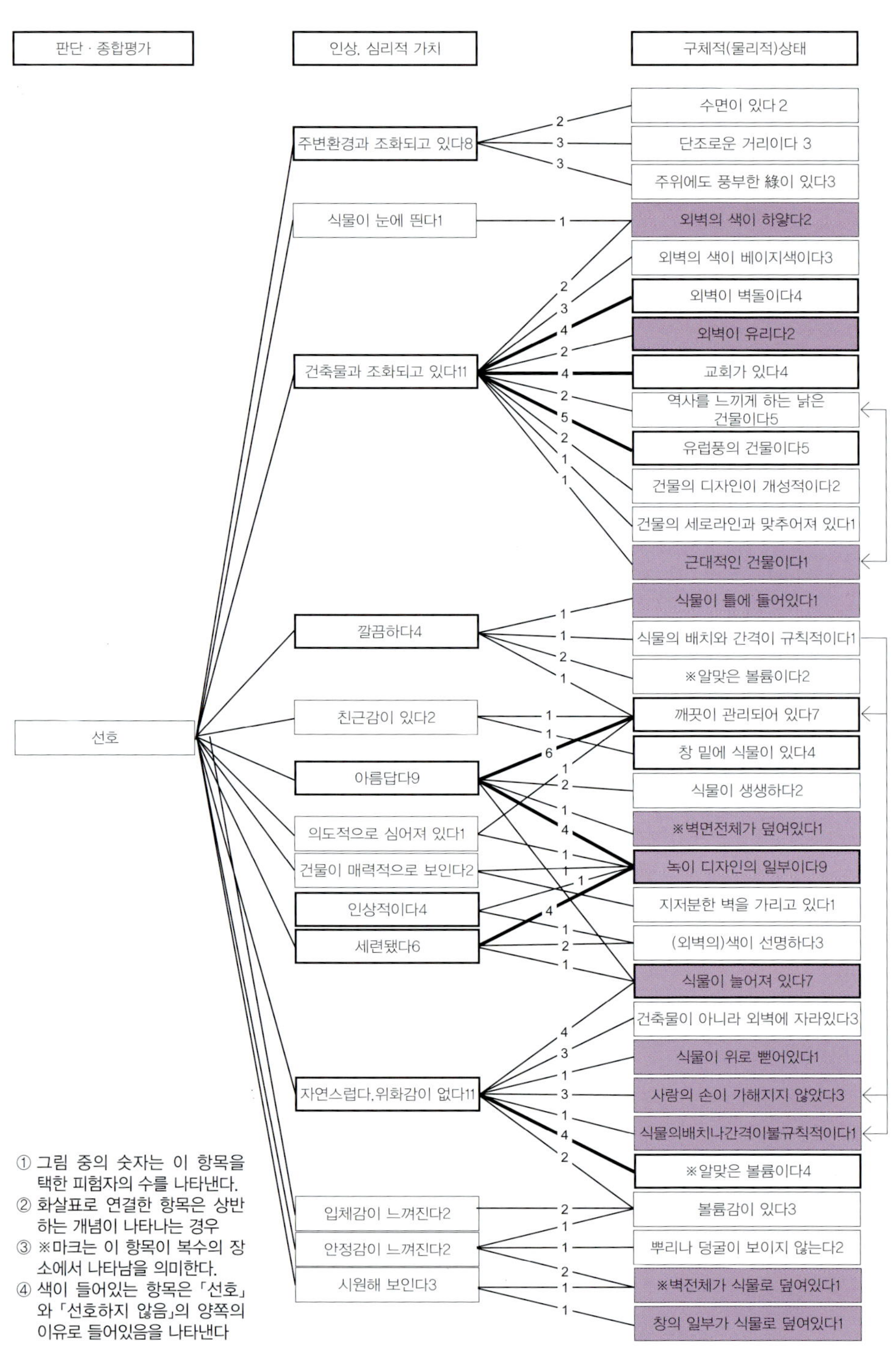

① 그림 중의 숫자는 이 항목을 택한 피험자의 수를 나타낸다.
② 화살표로 연결한 항목은 상반하는 개념이 나타나는 경우
③ ※마크는 이 항목이 복수의 장소에서 나타남을 의미한다.
④ 색이 들어있는 항목은 「선호」와 「선호하지 않음」의 양쪽의 이유로 들어있음을 나타낸다

■ 그림 2–1 ■ 입면녹화에 관한 평가구조(선호, 전체 네트워크도)

식물이 벽면의 어느 정도 범위를 덮고 있는 것이 좋을까에 대해서는 개인차가 두드러져, '벽면 전체가 덮여있는 것이 아름답다, 벽의 일부만 덮여있는 것이 아름답다, 양쪽 모두 아름답다'는 등의 다양한 결과가 나왔다.

> ① 하향식
>   질문 : 『자연스럽다』는 (구체적으로)무엇이 어떤 상
>   태로 되어있기 때문입니까?
>   응답 : 식물이 밑으로 처져있기 때문이다
> ② 상향식
>   질문 : 『자연스럽다』고 하면 왜 좋으신가요?
>   응답 : 마음이 편안해지기 때문이다

■ 그림 2-2 ■ Laddering의 예

5. 입면녹화 사례의 선정방법

아름다운 입면녹화의 사례사진은 조사자 2명(진행 1명, 필기 1명)이 피험자 8명에 대해서 조사의 목적을 설명한 뒤, 사진에 대해 의견을 듣는 형식으로 실시했다. 30장의 입면녹화 사례사진을 비교해, 좋은 것, 좋지 않은 것, 어느 쪽도 아닌 것의 3가지로 분류했다. 그리고 각 그룹에 포함된 유형을 비교, 평가한 이유를 자유롭게 말하게 했다.

선정된 「아름다운 입면녹화」의 구체적 계획요소의 도출

아래의 사진은 「매우 아름답다」고 높은 평가를 받은 입면녹화 사례와 그 이유이다.

라이브 하우스 출입구

■ 아름답다고 느끼는 이유 ■

- 식물이 문 쪽으로 나오지 않은 것이 좋다
  (문 쪽으로 자라있으면 관리가 되지않아 지저분한 인상을 준다)
- 녹지가 건강하고 통일된 색깔을 띄고 있는 것이 좋다
- 담쟁이가 전면을 완벽히 덮고 있는 것이 좋다
- 틀이 확실히 잡혀있고, 그 안에 식물이 있어 아름답다
- 식물의 두께가 느껴지는 것이 좋다
- 건물이 단색으로 도장되 있어 식물이 눈에 띈다

■ 아름답다고 느끼는 이유 ■

- 자연스럽다
- 단일 식물일 경우 돌출부가 지저분해 보이지만, 다양한 식물로 조성되어 있어 돌출부도 아름답다
- 다양한 식물로 되어 있어, 계절변화를 느낄 수 있을 것 같다
- 유리, 금속재를 사용한 모던한 건물에 잘 어울린다

■ 아름답다고 느끼는 이유 ■

- 무기질의 콘크리트와 트러스 사이에 잔디가 아름답게 조화되어 있다
- 관리가 잘 되어 있다
- 식물의 삐쳐나온 부분과 마른 부분이 없다
- 콘크리트와 철골과 식물의 밸런스가 이상적이다
- 골프장의 잔디와 같이 아름답다
- 잔디의 밝은 녹색이 인상적이다
- 잔디를 잘 관리하고 있어 아름답다
- 건축물다움이 없으면 식물도 돋보이지 않았을 것이다

6. 결론

아름답다고 평가된 입면녹화는 건물과 주변 환경, 적용식물의 생육·볼륨, 계획·관리의 상황에 반드시 주의해야 할 포인트가 있다고 생각한다. 현 지점에서 입면녹화의 아름다움을 증명하는 구체적인 방법을 제시할 순 없지만, 이번 조사의 결과로 아름다운 입면녹화를 창출하기 위한 포인트는 명확히 드러났다.

① 건물과 주변 환경

건물과 조화되어 있다고 느끼는 경우 외벽이 흙빛(earth color) 혹은 벽돌로 되어 있거나, 유럽풍이나 고전적인 건물 디자인, 교회나 역사적 건축물일 경우가 많았다. 반대로 외벽의 색깔이 고채도와 저명도일 경우에는 건물과 조화되지 않는다고 느끼는 경향이 많았다. 또한 외벽의 색이 백색이거나 유리로 덮여있는 경우나 근대적인 디자인의 건물과 고층건물의 평가에 있어서는 개인차가 심하게 나타났다.

② 식물의 생육·볼륨

아름답다 혹은 깔끔하다고 느끼는 경우는 식물의 볼륨이 적당하고, 싱싱할 경우로 평가된 것이 많고, 반대로 지저분하다, 답답하다고 느끼는 경우는 식물이 창문을 덮고 있거나, 볼륨이 너무 크거나 혹은 너무 작을 경우, 식물이 말라 있을 경우로 평가 된 것이 많았다. 식물의 생육상황 및 볼륨의 적합한 정도는 디자인과 관리 상황 등이 깊이 관련되어 있고,

식물이 그리드에 잘 맞춰져 있을 경우 건물디자인으로 도입되어 보인다고 평가되었다. 규칙적인 간격으로 자라있는 등 관리가 잘 이루어진 경우 선호도가 높았고, 불규칙적인 간격으로 자라 있거나, 잡초가 자랐든지, 외벽이 더러운 것 등 관리가 제대로 이루어지지 않은 경우 평가도가 낮았다.

③ 계획 · 관리

계획단계에서 유의해야 할 중요한 포인트는 형상과 간격, 벽면디자인과의 관계를 들 수 있다. 식물이 도입된 벽면디자인은 아름다운 인상을 주는 반면, 인공적이고 위압감을 느끼게 할 수도 있다. 관리단계에서는 자란 줄기나 덩굴의 전지, 말라버렸을 경우의 보충 등이 중요하다.

관리가 잘 이루어지고 있는 경우 계획성이 느껴지고, 반대로 식물이 마음대로 뻗어 있으면 계획성이 없다고 느끼기 쉬우며, 식물이 자연스러운 상태로 자라고 있는 것은 좋지만, 너무 극단적이면 계획성이 없는 인상을 주게 된다는 것이다. 반대로, 관리가 잘 되어 있는 것은 계획성을 느낄 수 있지만, 이 경우도 정도가 지나치면 인공적인 인상을 줄 수도 있다. 어느 한 쪽에 치우치지 않도록 균형에 맞는 계획과 관리를 하는 것이 중요한 포인트라고 할 수 있다.

■ 참고문헌 ■

『環境保全と景観創出を目的とした壁面緑化システムに関する調 査研究報告書』(2001 : エンジニアリング振興協会／佐久間ほか)

『特殊空間緑化シリーズ① 新・緑空間デザイン普及 マニュアル』(1995 : 誠分堂新光社／都市緑化技術開発機構 『特殊空間緑化シリーズ② 新・緑空間デザイン普及 マニュアル』(1996 : 誠分堂新光社／都市緑化技術開発機構)

■「매우 아름답다」고 선정된 입면녹화 사례 ■

■「아름답다」고 선정된 입면녹화 사례■

■ 개인차가 있어 「아름답다」, 「아름답지 않다」 양쪽 모두 선정된 입면녹화 사례■

■「아름답지 않다」고 선정된 입면녹화 사례■

■「매우 아름답지 않다」고 선정된 입면녹화 사례■

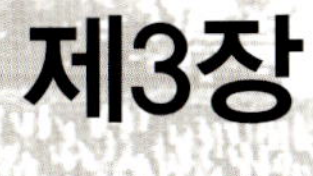

제3장

입면녹화의 효과

■입면녹화 무설치■

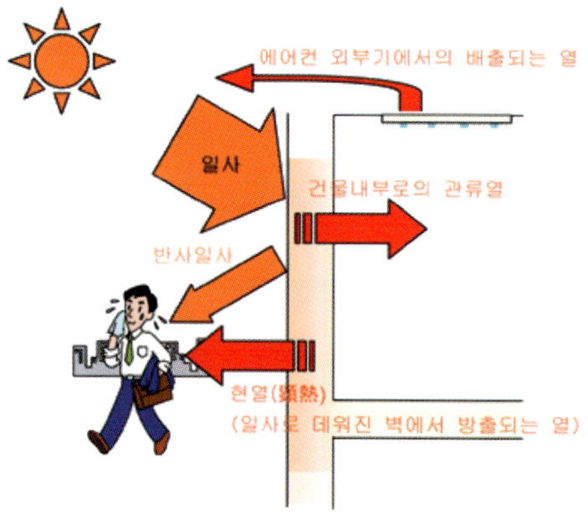

■입면녹화 설치■

유니트형

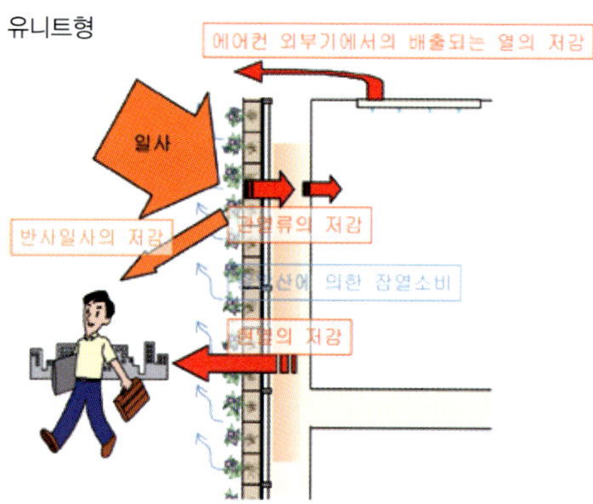

발코니선단형

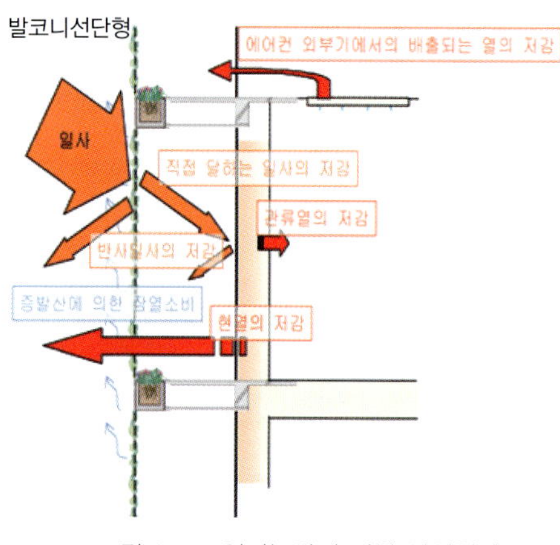

■그림 3-1■ 입면녹화에 의한 열섬현상 완화효과의 비교

녹지는 수면과 물을 포함한 지면의 수분증발과 식물로부터의 수증기의 방출에 의해 열을 소비하는 효과를 가지고 있다. 하지만 도시에서는 지반 레벨에서 충분한 녹지를 확보할 수 없기 때문에, 도시의 녹지조성을 통해 열섬현상을 완화하는 효과를 기대해 볼 수 있다. 정부에서는 건물녹화의 의무화 혹은 지원제도를 도입해 추진하고 있어 현재까지는 입면녹화보다 옥상녹화가 우선적으로 진행되고 있다. 하지만, 건물전체의 표면적은 옥상보다 벽면이 높은 비율을 차지하고 있고, 더구나 옹벽과 교각 등 토목 구조물의 입면을 포함하면 도시의 수직적면적은 광대해, 앞으로 더욱더 입면녹화에 대한 기대는 높아질 것이라 생각한다.

1. 열섬현상 완화효과

입면녹화는 벽면에 내리쬐는 일사를 가리고, 일사의 반사와 벽면의 온도상승을 줄이며, 잎면에서 받은 일사에너지를 증산에 의해 잠열로써 소비한다. 그렇기 때문에 녹화되지 않은 벽면과 비교해 반사 일사량과 일사로 인해 데워진 벽면에서 방출하는 열량을 저감시킴으로서 열섬현상 완화에 효과를 발휘한다(그림 3-1). 나아가 유니트형과 연속기반형(4장 참조) 등, 벽면에 식생기반이 접하고 있는 경우에는 식물과 토양의 증발산에 의한 잠열로 인해 벽면으로부터 열을 흡수하는 효과가 있어 더 높은 효과를 발휘한다. 입면녹화는 벽면에서 건물내부로의 관류열량貫流熱量을 저감하고, 창문 앞에 설치된 입면녹화의 경우는 실내에의 직사를 저감하기 때문에 에어콘의 사용량을 줄일 수 있어, 실외기의 배출되는 열을 줄이는 효과도 발휘한다.

입면녹화의 온열환경 개선효과를 실측에 의해 명확히 밝힌 연구는 여러 차례 시행되어 왔다. 백색의 콘크리트벽과 녹화벽을 비교한 실험(2)에서는 입면녹화가 일사반사율을 저감시키고(그림 3-2), 평균방사온도(MRT : 더위를 나타내는 체감지표의 하나로 주위에서 받는 열방사를 평균화해서 온도를 표시한 것)를 억제하는 효과가 있음을 볼 수 있다(그림 3-3). 또한 송악(Hedera canariensis)을 사용한 입면녹화의 증발산량 조사(6)에서는 증산에 의한 잠열이, 방사수지량(태양으로부터 지상으로 내리는 에너지량에서 지표면에서 반사된 에너지를 제외한 태양에너지량)의 약 25% 정도 있어, 그 만큼 벽면에서 대기중으로 방출하는 열과 건물 안에서의 관류열의 저감에 기여하고 있음을 확인할 수 있었다. 입면녹화가 주변의 온열환경 완화에 공헌하고 있는 셈이다.

초등학교에 설치된 「그린 커텐」의 효과를 실측한 예(5)의 결과에서는 낮시간대의 입면녹화에 의한 실내의 온열환경 개선효과가 일사량과 비례해서 높은 효과가 있는 것으로 밝혀졌다(그림 3-4). 입면녹화 공법에 따른 효과의 차를 실측한 예(1)에서는 특히 유니트형(판넬형)의 입면녹화에서 낮시간대 벽면으로의 관류열량 저감과 야간의 벽면에서의 열방사량 저감 효과가 뛰어난 것으로 밝혀졌다(그림 3-5).

입면녹화가 대중적으로 인지되기 시작한 계기가 된 것은 아이치현愛知県에서 개최된 아이치세계박람회(2005년)에서 주목받았던 「바이오 렁Bio-Lung」 때문이다. 당시 전시된 바이오 렁에서도 온열환경 개선효과가 드러나(3), 녹화되지 않은 벽보다 녹화된 벽의 표면온도(벽면으로부터 10cm 떨어진 위치의 기온)가 낮았고(그림 3-7), 열영상에서도 주위보다 바이오 렁의 표면온도가 낮은 상태인 것이 확인되었다(그림 3-8). 열영상만으로 판단하는 것은 어렵지만, 시간별 열영상을 상세히 분석하면, 저녁시간대에 표면온도가 낮은 바이오 렁에서부터 주위의 온도가 점점 낮아지는 것을 확인할 수 있어, 열퍼짐 현상이 일어났을 가능성도 생각할 수 있다.

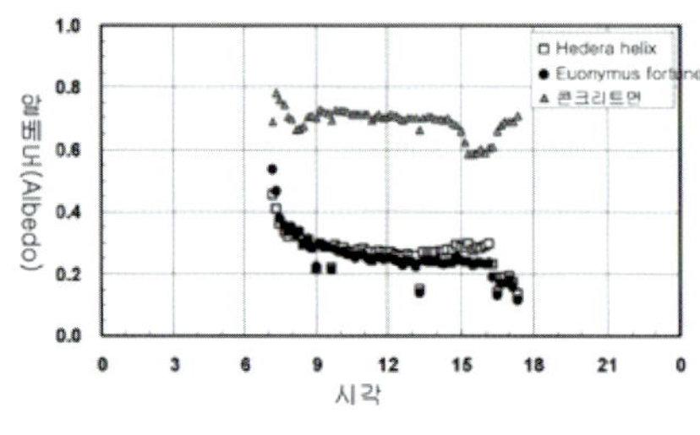

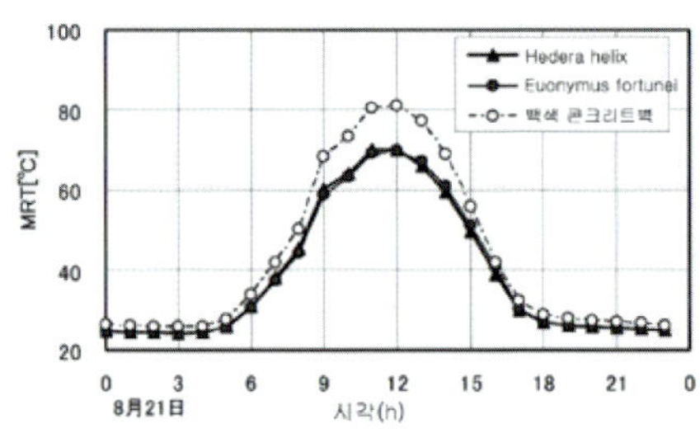

■ 그림 3-2 ■ 일사 반사율의 경시변화(2)

■ 그림 3-3 ■ 흑구온도계로 측정한
MRT온도의 경시변화

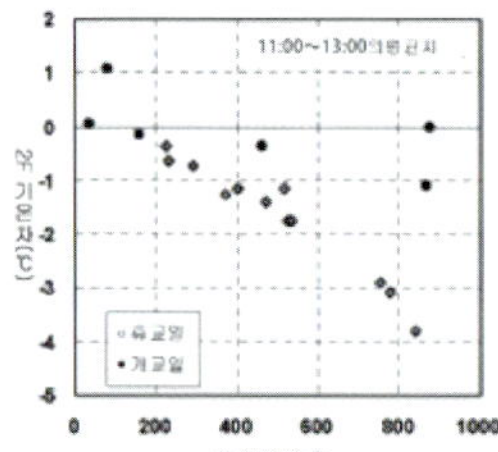

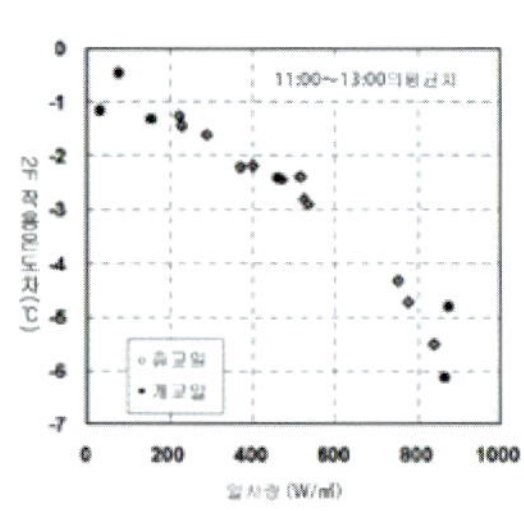

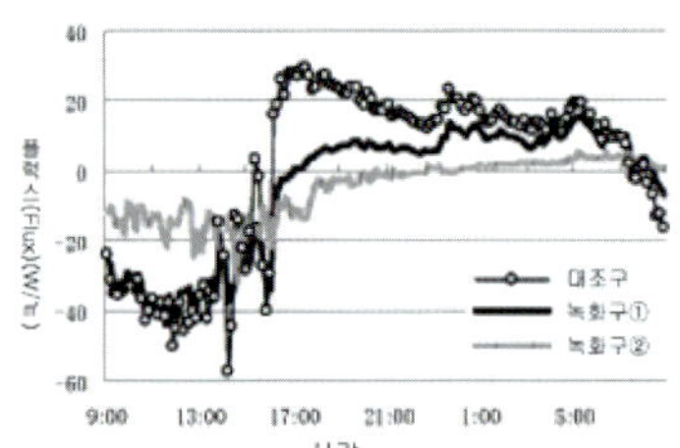

■ 그림 3-4 ■ 녹피의 유무에 따른 기온차(좌)와
작용온도(우)(5) (작용온도: 기온과 MRT온도의 평균)

■ 그림 3-5 ■ 관열류량의 추이

입면녹화의 열섬현상 완화효과 · 온열환경 개선효과가 정량적으로 드러나 있다.

■ 사진 3-1 ■ 아이치 Expo 바이오 렁 통로

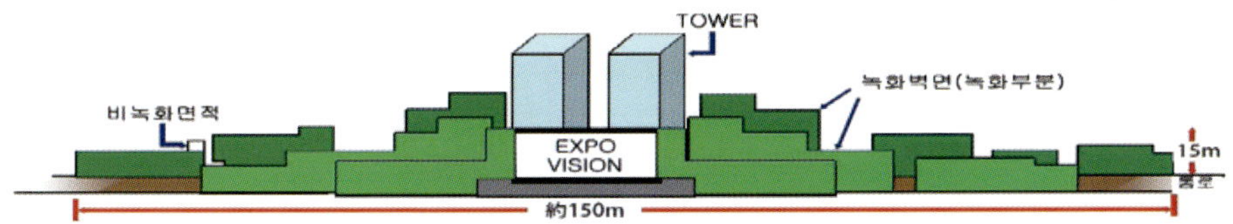

■ 그림 3-6 ■ 바이오 렁의 구조

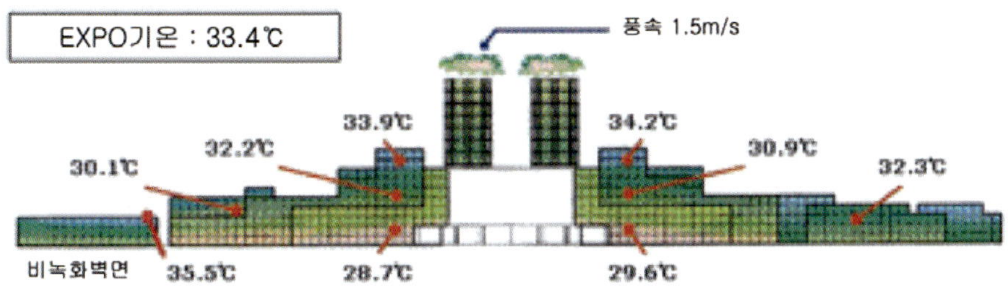

■ 그림 3-7 ■ 7월 28일 오후 12시의 바이오 렁 통로내의 녹화 벽면 및 비녹화 벽면의 표면기온
(※벽면에서 10cm떨어진 지점에서 측정)(3)

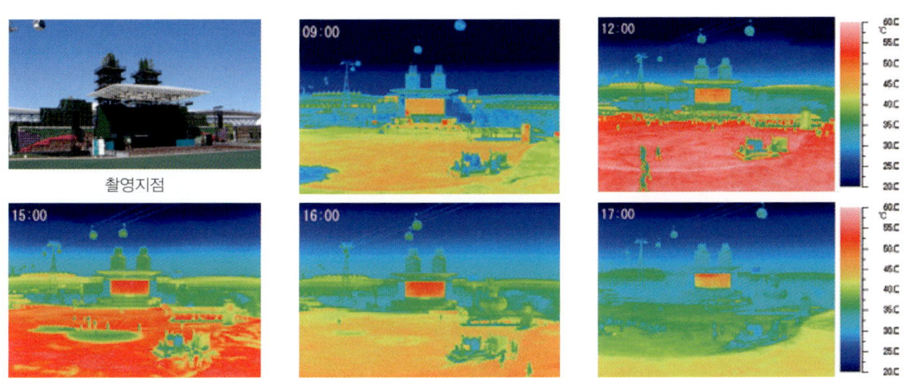

■ 그림 3-8 ■ 7월 28일의 바이오 렁 주변의 열화상(3)으로 부터 작성

효과		개요
열섬현상 완화효과	기온 · 습도조정 효과	증산작용에 의한 잠열 소비
	일사차광 · 녹음효과	구조물 구체온도 · 실내온도의 상승 억제, 반사 경감
공기정화 효과		NOX, SOX, 분진 등의 흡수 · 흡착
소음저감 효과		심리적인 소음감을 포함한 소음 저감
방화 · 방열 효과		연소 방지, 복사열 현상에 의한 안전공간 확보
건물 노화방지 효과		벽면과 방수층의 적외선, 산성비, 온도변화 등에 의한 노화 저감
경관향상 · 형성 효과		미관 형성
생태계 회복 효과		곤충 등의 생육장소의 제공, 주위의 녹지와의 연속성
생리적 · 심리적 효과		심적 편안함, 피로의 회복, 아로마 테라피, 원예요법
교육 효과		식물 · 생물과 접할 수 있는 기회 제공
선전 · 집객 효과		어메니티 향상, 환경배려의 어필

■표 3-1■ 입면녹화의 다양한 효과

2. 입면녹화의 다양한 효과

입면녹화의 효과는 열섬현상 완화효과 뿐만 아니라, 〈표 3-1〉에 나타낸 것처럼, 공기정화, 소음저감, 건물노화방지 등의 물리적 효과와 경관향상, 생태계회복, 생리적 · 심리적 효과, 선전 · 집객효과 등이 있다. 이러한 효과 하나하나를 개별적으로 생각할 경우, 특히 공기정화나 소음저감 등의 물리적 효과는 공업적 재료 · 장치가 더 큰 효과를 올릴 수 있는 경우가 있어, 입면녹화를 계획할 경우에는, 도입 · 유지관리를 포함한 종합적인 비용 대비 효과와 에너지 소비 등을 고려해야 할 필요성이 있다.

중요한 점은 입면녹화의 경우 다면적 효과를 발휘할 수 있는 이점이 있으면서도, 생물의 생육공간과 인간의 심적 편안함, 식물과 접할 기회 장소 제공 등 인공물이 제공할 수 없는 식물 만의 효과를 기대할 수 있다는 점이다. 또한, 입면녹화는 제한된 장소로 외부에서 볼 수 없는 옥상녹화와는 달리 도심속에서 큰 시각적 경관요소로 작용할 수 있다.

따라서 디자인성이 높고 아름답게 관리된 입면녹화는 매력적인 건물이면서, 친환경적인 도시경관을 연출 할 수 있어, 도시의 특화는 물론 홍보 · 집중효과도 기대할 수 있다.

(1) 생태계 회복효과

도심부는 대규모 녹지를 확보하기가 어려워 중소규모의 녹지가 점재하고 있는 경우가 많다. 풍부한 생태계를 회복하기 위해서는 이 소형 녹지들을 네트워크화해 생물의 왕래를 가능하게 하는 것이 효과적이다. 수평면에서의 그린네트워크 뿐만 아니라 입면녹화를 통한 수직적 그린네트워크는 지상의 식물과 옥상의 식물을 연결하는 역할도 기대할 수 있다. 입면녹화의 생태계의 회복효과에 대한 연구는 앞으로도 본격적인 연구가 필요하다. 입면녹화에 나비나 벌 등의 다양한 생물이 날아오거나, 새가 집을 지은 경우 등은 쉽게 확인할 수 있고 이미 자료로 보고되어 있다(사진 3-2). 관리가 용이하다는 이유로 헤데라 등의 꽃이 피지 않는 단일식물을 식재한 입면녹화를 도입하는 경향이 주를 이루지만 입면녹화에 열매나 꽃이 피는 식물을 효과적으로 이용해 풍부한 도시생태계를 조성하는 것을 검토해야 할 것이다.

■ 생태계 회복효과 ■

(사진제공 : 다이토 테크노 그린)

■ 사진 3-2 ■ 입면녹화에 만들어진 새집(좌), 입면녹화로 날아온 나비(우)

■ 생리적 · 심리적 효과 ■

■ 사진 3-3 ■ 의료에 녹지를 도입한 사례／오우메(靑梅)시립 종합병원 옥상정원(사진제공 : 토호 레오)

진통제의 강도	진통제 투여회수					
	수술후 0~1일		수술후 2~5일		수술후 6~7일	
	벽돌벽	수목	벽돌벽	수목	벽돌벽	수목
强	2.56	2.40	2.48	0.96	0.22	0.17
中	4.00	5.00	3.65	1.74	0.33	0.17

■ 표 3-2 ■ 창밖의 경관이 벽돌벽인 방과 수목인 방의 담낭적출수술 후의
환자의 진통제 투여 회수의 비교[7]

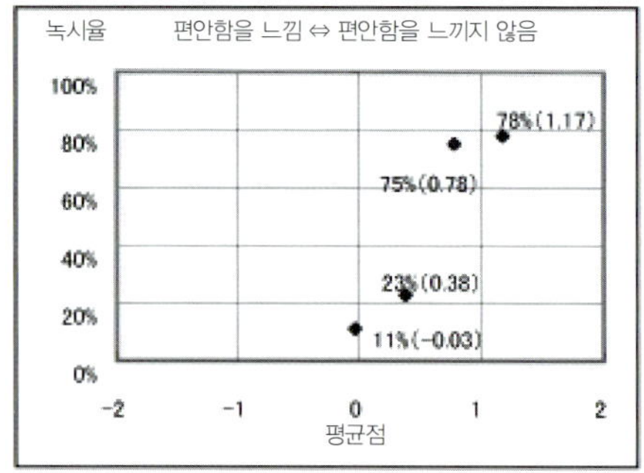

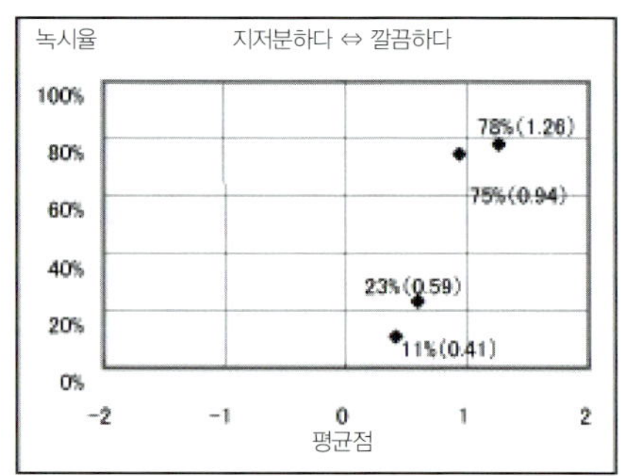

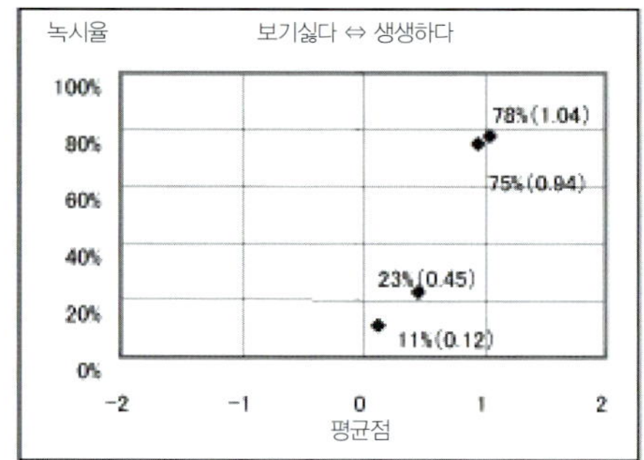

■그림 3-9 ■ 앙케이트 장소의 녹시율과 해당장소의 이미지의 평균점의 관계[4]

(2) 생리적 · 심리적 효과

Ulrich(1984)는 펜실베니아주의 병원에서 담낭적출수술 후의 환자를 대상으로 창문에서 벽돌외벽 밖에 볼 수 없는 병실의 환자와 수목이 보이는 병실의 환자의 회복상황을 비교했다. 그 결과 수목을 볼 수 있는 환자의 진통제 투여횟수가 눈에 띄게 감소해, 식물의 심리적 효과가 확실히 드러났다(표 3-2). 이 논문은 식물이 인간의 심리에 미치는 효과에 대해 구체적인 수치로서 증명한 것이 높이 평가되어, 미국 의학 · 외과학정보협회 과학논문상을 수상해, 이를 계기로 한동안 미국에서는 유행처럼 병원 설계에 풍성한 식물을 도입하기도 했다.

일본 국토교통성에서 실시한 앙케이트 조사[4]에서도 녹시율이 늘어날수록 「편안함」, 「깔끔함」, 「풍부함」의 이미지가 높아지는 것으로 조사되기도 했고(그림 3-9), 녹지가 보이는 지역의 부동산 가치 향상을 표현한 논문도 발표된 바 있다[8].

입면녹화는 건물의 벽으로 둘러싸인 도심속에서 녹지를 볼 수 있는 환경으로 만드는 대단히 유효한 기법이기에, 입면녹화를 효과적으로 사용해 도시공간에 풍부한 녹지만들기를 시도하여야 할 것이다.

■ 참고문헌 ■

(1) 『パネル設置型および下垂型壁面緑化による温熱環境評価. 日本緑化工学会誌』(No.30 P211-P214／2005／渋谷圭助・佐藤澄仁)

(2) 『敷地・街区を対象とした壁面緑化による温熱環境改善効果に関する研究. 学位論文』(2006／鈴木弘孝)

(3) 『愛・地球博における壁面緑化実験』(国土交通省 国土技術政策総合研究所 環境研究部 緑化生態研究室) http://www.nilim.go.jp/lab/ddg/naiyo/biolung/biolung.html

(4) 『都市の緑量と心理的効果の相関関係の社会実験調査について～真夏日の不快感を緩和する都市の緑の景観・心理効果について～.国土交通省都市・地域整備関係報道発表資料』(2005／国土交通省 都市・地域整備局公園緑地課緑地環境推進室)http://www.mlit.go.jp/report/press/(平成17年8月12日)

(5) 『緑のカーテンが教室の温熱環境に及ぼす効果. 環境情報科学論文集』(NO.21 P501- P506／2007／成田健一)

(6) 『壁面緑化の蒸発散効果に関する研究』(No.19 P113- P116／2005／三坂育正・鈴木弘孝・藤崎健一郎・成田健一・田代順孝)

(7) 『View through a window may influence recovery from surgery. Science』(No.224 P420-P421／1984／Ulrich, R.S.)

(8) 『緑景観の評価に関する研究－緑景観が不動産取引におよぼす効果に関する考察.調査研究期報』(No.142 P48-57／2006／折原夏志著)

Germany

【우】독일의 주택은 플라스터 사양의 건물이 엷은 백색의 외벽에 녹색이나 빨간색의 스 어울린다.
【좌】등나무와 담쟁이에 의한 입면녹화. 높이 약

France

프랑스 파리 / 건축가 장 누벨(Jean Nouvel)과 식물학자 패트릭 블랑 (Patrick Blanc)이 협동한 케 브랑리 (Quai Branly) 박물관의 수직정원

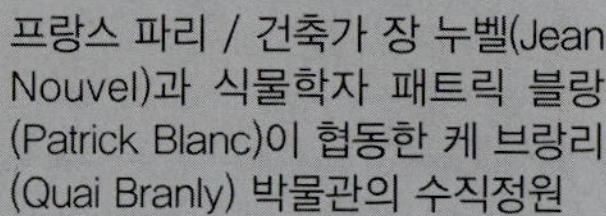

프랑스 알사스 지방 / 꽃으로 덮인 마 / 에기샤임 (Eguisheim) 마을

프랑스 브르고뉴 지방 / 마을이 꽃과 식물과 물로 연출되어 있다

해외 우수 입면녹화 사례

Vancouver

【우】 오피스 빌딩／기존의 건물에 디자인성을 중시해서 설치된 입면녹화.
일본에서 개발된 시스템을 사용해, 캐나다에 자생하는 식물을 도입했다.
【좌】 벤쿠버수족관／스텐리공원내의 주차장에서 뒷배경을 감추기 위해 설치됨. 수경효과가 뛰어나 공원내의 풍부한 자연과 치화할 수 있도록 식물의 종류를 다양하게 볼륨을 크게 연출했다

상그릴라호텔／부겐빌리아를 사용한 입면녹화. 싱가폴의 기후에 맞는 수종선택, 싱가폴에서는 1960년대부터 실시된 『가든시티 구상』 이후 녹화에 의한 도시만들기가 적극적으로 실시되고 있다

Singapore

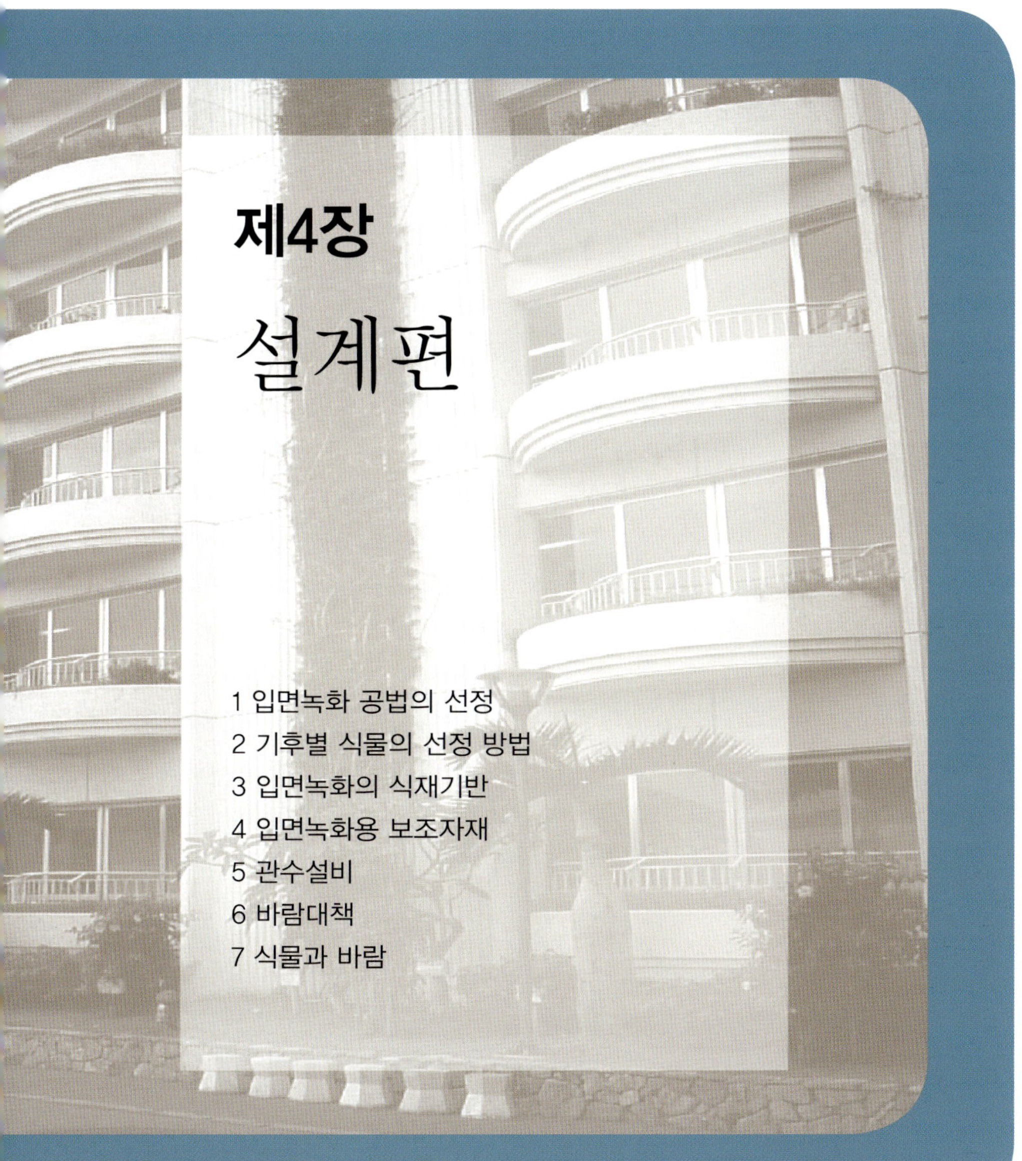

제4장

설계편

1. 입면녹화 공법의 선정

(1) 설계상 유의점

① 입면녹화의 용도구분 – 상업시설·인테리어, 일반건축과 벽면, 토목인프라와 건축시설의 대규모 녹화 등을 구분

② 목적 – 디자인에 중점을 두는지, 차광 등의 에너지 절감효과를 반영하고 있는지, 수경목적, 혹은 건축물 전체의 환경 개선인지 목적을 검토

③ 초기비용 – 설치당초의 예산 검토

④ 식물의 연출 – 식물의 볼륨(녹피율), 다양성, 꽃과 잎의 아름다움 연출법 검토

⑤ 유지관리 – 입면녹화의 유지·관리에 필요한 작업 빈도·중점항목·시설·비용 등을 검토

⑥ 기타 – 법규의 체크, 식물의 선정방법, 등반보조자재의 선정방법, 관수설비의 내용 등

이 장에서는 먼저 입면녹화를 12가지 공법으로 분류해 설명하고, 위의 ①~⑥의 관점이 어떤 공법에 연관되는지에 대해 설명한다.

(2) 입면녹화의 분류

① 등반형(보조자재 무) – 코우시엔甲子園구장의 담쟁이에 의한 입면녹화처럼 부착근과 흡착판에 의해 벽면에 직접등반 가능한 식물을 사용. 지면에 직접 심는 경우가 많지만 플랜트나 옥상녹화용 식재기반 등에 심을 수도 있음

② 등반형(보조자재 유) – 등반가능한 식물을 사용해, 보조자재(철망, 야자섬유, 와이어메쉬 등)에 지지해 덩굴처럼 자라도록 구성. 지면에 직접 심는 경우가 많지만 플랜트나 옥상녹화용 식재기반 등에 심을 수도 있음

③ 하수형(보조자재 무) – 건물의 최상부에 설치된 식재기반에서 식물을 늘어뜨리는 타입의 입면녹화로 보조자재를 사용하지 않음. 송악을 사용한 예가 많지만, Cotoneaster나 Rosmarinus officinalis, Vinca major 등을 사용 할 수 있음

④ 하수형(보조자재 유) – 건물의 최상부에 설치된 식재기반에서 식물을 늘어뜨리는 타입의 입면녹화로 보조자재를 사용. 식물이 늘어질 때 부착근과 흡착판을 가진 식물일지라도 벽면에 붙지 않는다. 식물이 늘어질 때 보조재에 잘 감겨 안정되는 것을 기대하거나 적극적으로 유인·결속시키는 대상으로 보조자재를 사용하는 경우가 많음

⑤ 유니트형 – 미리 식물을 양생해 녹피율이 확보된 상태에서 설치. 완성 직후에 충분한 볼륨을 가진 경관을 만들 수 있다. 여유분을 준비함으로써 일부 고사가 발생했을 경우에도 교환에 의해 같은 경관을 유지해 지속할 수 있는 장점이 있음

⑥ 한면연출 플랜트형 – 플랜트를 수직방향으로 여러개 설치하는 입면녹화 중 벽면을 뒤로 두고 한방향으로 경관을 구성. 일반적인 플랜트 녹화와 기본적인 구성이 변하지 않기 때문에 다양한 식물을 심을 수 있고 관리가 비교적 양호함

⑦ 양면연출 플랜트형 – 플랜트를 수직방향으로 여러개 설치하는 입면녹화 중 전후 양방향에서 경관을 구성. 일반적인 플랜트 녹화와 기본적인 구성이 변하지 않기 때문에 다양한 식물을 심을 수 있고 유지관리가 비교적 양호함

⑧ 연속기반형(압층타입) – 식재기반을 수직으로 배치. 뿌리가 발달할 수 있는 영역이 연속되어 있어 뿌리가 포화상태에 이르기 어려운 등의 장점이 있음

⑨ 연속기반형(막타입) – 식재기반을 수직으로 배치. 기반의 최전면이 막으로 구성되고 막의 일부를 잘라 내어 식재기반과 연속하는 부분을 만들어 그 곳에 식물을 심는 방식이다. 다양한 식물을 심을 수 있고, 입체감을 연출할 수 있는 장점이 있음

⑩ 발코니선반형 – 실내에서의 녹색 경관과 실외에서의 녹색 경관을 양립할 수 있는 공법. 유지관리 작업도 발코니에서 실시할 수 있는 등 장점이 많은 공법이다. 고소 작업차를 쓸 수 없는 장소나 대규모의 녹화에 적합하다. 식물로의 접근이 용이하여 유지관리 비용을 낮출 수 있으며, 유지관리 품질도 향상시킬 수 있음

⑪ 포켓교환형 – 유니트 전체를 교환하는 것이 아니라, 식물포트를 끼워 넣는 방식. 포트 자체를 교환 할 수 있어 실내녹화나 이벤트 등에 이용하기 쉬운 것이 특징임

⑫ 이끼부착형 – 이끼를 벽면에 직접 부착. 타일과 일체된 타입도 있음

(※p.45~47의 분류표 참조)

사례	• 입교대학(立教大学)	• 야쿠르트 본사 빌딩	• 신우라야스(新浦安)ILMARE
	• 코우시엔구장(甲子園球場)	• 도청공원	
	• 쿠라시키(倉敷)아이비 스퀘어	• 후쿠오카 캐널시티	

등반(登攀)형 (보조자재 유)   하수(下垂)형 (보조자재 유)   한면연출플랜트형

사례	· 이온 쇼핑센타 · 치쿠사 소극장	· 토네리(舍人)차량기지	· 니콜라스 · G · 하이에크센터

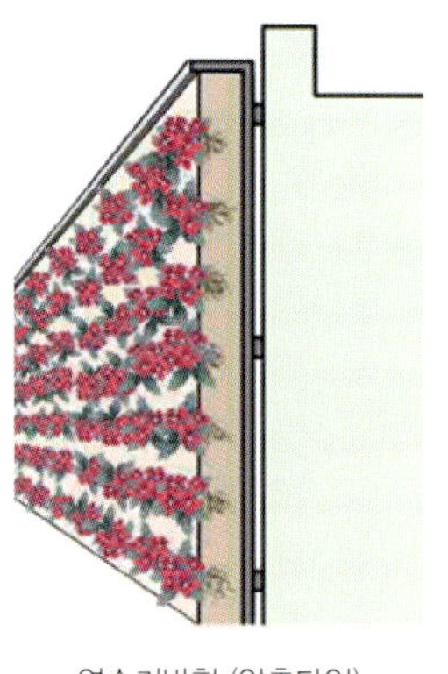

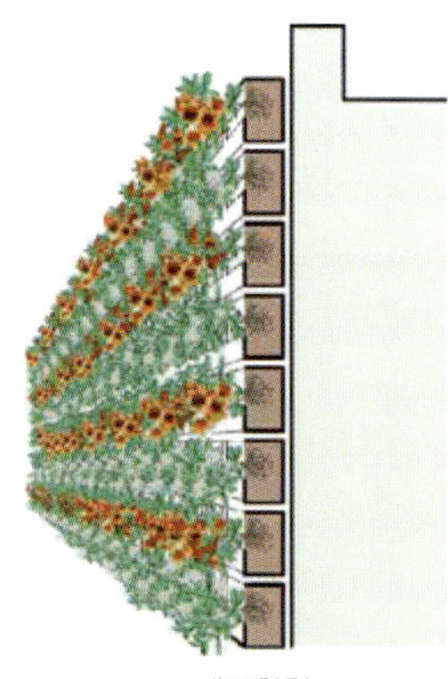

연속기반형 (압층타입)   연속기반형 (막타입)   포켓교환형

사례	· 바이오 렁 · 우에노동물원	· 金沢21世紀美術館 · 록본기 그레이스 빌딩 · 자일 빌딩 입구	· 호텔 뉴오오타니

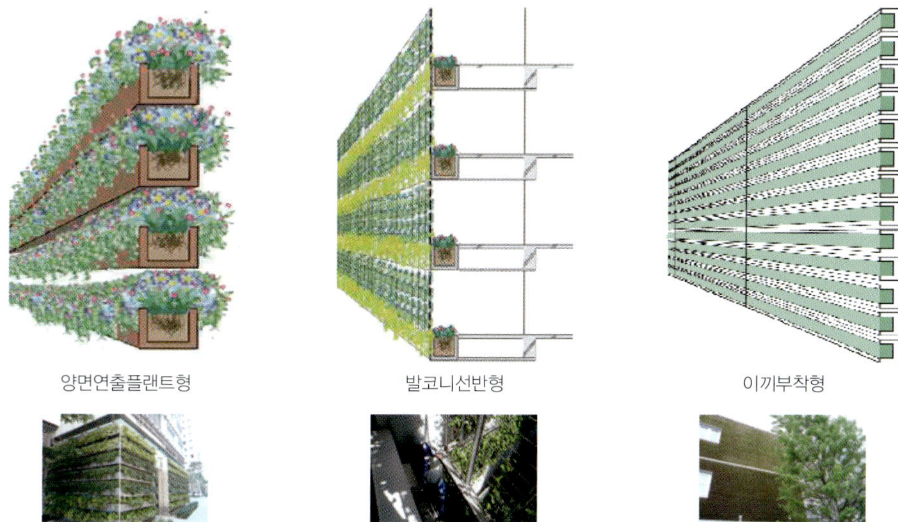

사례	• 토야코(洞爺湖)서밋 프레스 센타 • 新마루빌딩 자전거주차장	• 일본공업대학 • 이타바시(板橋)청소공장 • 요코하마 베이 쿼터 • 니반쵸(二番町)가든	• 코시가야(越谷)레이크타운 • 토야코(洞爺湖)서밋전시주택

(3) 입면녹화의 선택

입면녹화의 설계는 시설의 용도, 도입목적, 육성방향, 초기비용, 완성이미지, 유지관리 등에 대해 종합적인 판단을 진행하면서 실시된다. 또한 개별의 검증을 거쳐 설계가 완성되지만, 필요한 검토요소의 체크가 생략되거나, 각 요소의 연결에 대한 판단을 잘못했을 경우에는 최종적인 유지관리의 운용이 어렵거나 예상 외의 비용이 발생한다. 혹은 미관이 전혀 고려되지 않은 입면으로 설치될 수도 있으며, 진행 중에 실현이 불가능하다고 판단되거나 계획이 순조롭게 진행되지 않을 수도 있다.

그래서 이 장에서는 입면녹화에 있어서 설계 보조 수단으로서 설계과정도를 제시한다. 과정도는 설계자가 생각해야 할 검토요소부터 사고의 흐름을 표현한 「입면녹화 선택-1」과 그 내용을 재확인하는 수단으로서, 혹은 입면녹화에 대한 명확한 이미지가 완성되지 않았을 경우에 적합한 공법을 선택할 수 있도록 「입면녹화 선택-2」를 준비했다. 이 두 가지 선택과정도를 병용함으로서 필요한 검토사항을 빠트리지 않고 필요한 포인트를 정확히 인식해, 입면녹화의 운용을 포함한 전체 이미지를 만들 수 있다.

(4) 그 밖의 조건

그 밖에 입면녹화를 진행할 때 ①플랜트를 사용할 경우, 입면녹화 면적 1㎥ 당 50ℓ 이상의 토양을 확보, ②유지관리의 공간을 확보 할 수 있도록 식재 볼륨을 고려해, 입면녹화

위치를 결정, ③건축법의 검토, ④소방법의 검토, ⑤구조체의 강도 검토 등과 같은 몇 가지 주의요소가 있다.

신축건물의 경우와 기존건물의 경우에는 각각 고려해야 할 조건이 다를 수도 있는데, 신축건물의 경우 계획단계에서 다양한 필요조건을 갖추어 계획하면 문제가 없으나 기존건물의 경우 먼저 실시할 입면녹화의 디자인을 정해 RC구체에 후시공 앵커를 셋팅할 수 있을지, 강도는 적합한지 등 설치가능 여부를 상세히 검토해야 한다. 조건이 불충분한 경우에는 철골 보강공사를 실시해야 한다.

■ 입면녹화의 선택-1 ■

입면녹화의 용도·목적·육성·예산·완성 이미지·유지관리 등에 대해서 어떻게 구상하고 있는지에 따라, 어떤 입면녹화를 선택하는 것이 좋은지에 대해 표현했다.

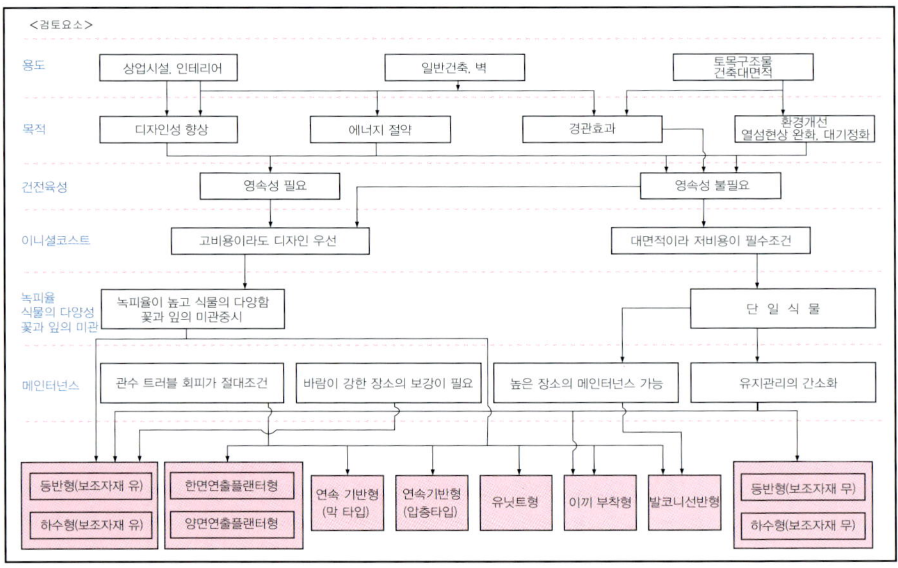

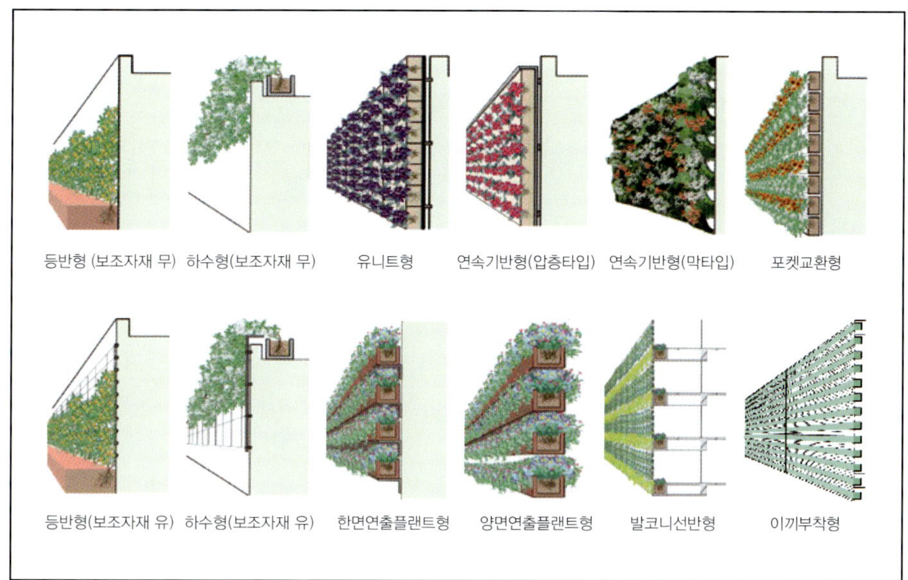

■ 입면녹화의 선택-2 ■

입면녹화에 대한 명확한 이미지가 아직 완성되지 않았을 경우, [1]의 내용을 확인하는 방식을 표현했다.

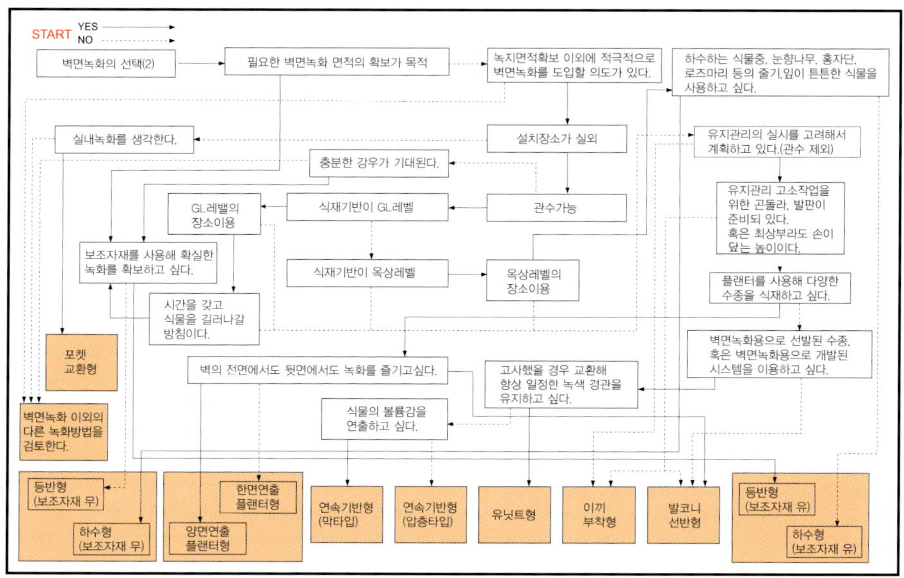

2. 기후별 식물의 선정 방법

도시의 입면녹화의 경우, 디자인 · 근린에의 배려 · 열섬현상 대책이 목적인 경우가 많고, 겨울의 경관 유지를 위한 상록성이고 내성이 있는 수종이 주로 사용되고 있다. 그런 수종은 유지관리와 근린배려면에서의 이점과는 달리, 겨울에 다소 잎이 붉어져도 전체적으로는 계절감이 드러나 획일적이라는 의견들이 있다. 따라서 색의 변화와 꽃의 향기 · 생물의 비래 등 오감을 자극해 계절감을 연출할 수 있는 식물 선택은 매우 중요하다.

(1) 입면녹화용 식물

입면녹화는 공법에 따라 적합한 수종이 다른 경우가 있기 때문에, 덩굴식물을 중심으로 하는 등반형 · 하수형과 초본 저목을 중심으로 한 연속기반형 등으로 나누어 소개한다.
① 등반(登攀)형 · 하수(下垂)형에 적합한 수종의 특성(수종일람 p.48~49)
② 연속기반형(식재기반을 벽에 설치) 등에 적합한 수종의 특성(수종일람 p.50~51)
연속기반형의 경우는 선택가능한 수종범위가 넓기 때문에 과거의 실적 중 비교적 많이 사용된 식물을 소개한다.

(2) 기후에 따른 경향과 사례

북해도(北海道)와 동북(東北)의 일부가 아한대, 오키나와(沖繩)현과 아마미서도(奄美諸島) 등이 아열대에 속하는 일본의 기상조건을 폭넓게 생각하면 기온의 차를 우선적으로 검토하지 않을 수 없다. 기온에 대해서는 최저기온으로 구분되어 있는 기후구 등도 참고해서 검토하면 좋다.

입면녹화에 있어서 기상조건에 맞는 식물의 선택에 더불어, 설치장소의 조건에 적합한 수종을 선택 · 검토하는 것도 중요하다. 예를들어, ①같은 공법 · 같은 건물 · 같은 방향 등 동일조건일 경우라도 설치하는 지역의 기상조건이 다르면 선택가능한 수종도 달라지며, ②같은 지역이라도 해안부와 시가지에서는 바람 · 토양 · 기온과 같은 조건이 달라, 지역만으로 적성을 판단하는 것은 어려울 뿐 아니라, ③같은 방향을 향한 동일면 일지라도 좌우나 상하의 끝부분에 있어서는 일조시간과 바람의 영향 등의 차이에 의해 생육의 차이가 발생하는 등 다양한 요소를 고려해야 한다. 또한, 대규모 면적에서 입면녹화를 실행할 경우는 지역에 따라 받는 영향이 다르기 때문에 균일한 녹화의 실현이 어렵게 될 가능성이 높다.

설계단계에서부터 복합적인 시각으로 검토해, 개화기의 변천 등을 상정해 둠으로서, 지역에 맞는 아름다운 입면녹화가 실현될 수 있을 것이다. 또한 온난화에 의해 식재가능 지역이 북상하고 있어, 서적이나 과거의 실적정보에 의존하지 말고, 설계자가 직접 계획지역의 식생을 조사해, 생육가능한 수종을 판단하는 것도 중요하다.

〈식물선정에 있어서의 검토항목〉

- 생육특성 – 등반특성, 생장속도, 생장높이, 상록 · 낙엽, 일년 · 다년 등
- 환경적성 – 광(빛), 기온, 바람, 토양
- 자연환경에 대한 내성 – 내건 · 습, 내음, 내건한풍 · 조풍, 내대기오염, 내병충해
- 인위작용에 대한 내성 – 내이식, 내전정
- 경관성 – 전체형상, 꽃 · 잎의 색깔과 질감
- 목적의 적합성 – 일사차, 경관향상, 가림, 이미지 향상 등
- 유지관리 – 유지관리의 용이성
- 시장에서의 유통 – 출하시기와 양

■ 등반형 덩굴식물의 특성 ■

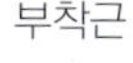

부착근

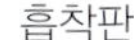

흡착판

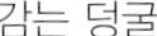

감는 덩굴

덩굴손

한냉대 사례사진 – 아한대(북해도)

동결에 의해 겨울의 관수가 곤란한 경우가 많기 때문에, 그 지역의 식생을 참고하여 자연지반에서 등반시키는 방법이 안전하다고 판단되는 경우가 많다. 또한 겨울에 낙엽이 떨어지는 수종이 많이 사용된다.

Parthenocissus quinquefolia

Parthenocissus tricuspidata

Hedera Helix

한냉대 사례사진 – 적설한냉지(이시가와(石川)현)

여름의 고온다습과 겨울의 축축한 눈의 극단적인 환경의 영향을 받지만, 겨울의 추위에 의한 동결을 주의한다면 발코니 선반형이나 연속기반형의 도입도 가능하다.

Hadera canariensis(여름)

Hadera canariensis(겨울)

온난대 사례사진 – 아열대(오키나와(沖縄)현)

연중 기후가 온난하고 일사량과 강수량도 높은 지역으로, 더위에 대한 내성을 가진 수종이 적합하다. 1년 동안 수차례에 걸쳐 꽃을 피우는 수종도 있으며, 강풍의 영향을 받기 쉬우므로 식물과 보조자재의 안정된 고정방법을 검토해야 한다.

Bougainvillea spectabilis

(3) 계절변화와 식물

벽면은 도시내에 있어 시각적으로 많이 접하게 되는 공간이라 벽면을 녹화함으로써 아름다운 도시만들기에의 공헌도는 크다. 더구나 입면녹화에 계절감을 표현하는 것은 시각적으로 식물을 통해 사계절 변화에 따른 편안함을 안겨주고, 나아가서는 야생조류와 곤충 등의 생태계를 풍부하게 하는 효과를 기대할 수 있다.

일반적으로 식물이 꽃과 열매를 많이 갖기 위해서는, 적당한 일사량을 가진 장소에서 전정, 관수, 비료, 병충해방지 등의 유지관리가 적합하게 이루어지는 것이 필요하다. 입면녹화의 경우도 마찬가지로 설치장소의 일사조건과 적당한 관리가 이루어지지 않으면 꽃이 피는 식물을 식재한다 하더라도 꽃이 피지 않는 경우가 많이 있어, 정확한 조건을 파악한 후에 계획을 추진하는 것이 바람직하다.

인동덩굴, 붉은꽃인동덩굴, 헤데라 등을 혼식한 입면녹화

① 등반형 · 하수형에 적합한 덩굴식물의 계절변화

등반형 · 하수형 입면녹화에 많이 사용되고 있는 덩굴식물은 동경 근교에 40~50종 정도가 있다(원예품종은 제외한 수량). 최근에는 품종개량 기술과 온난화의 영향으로 노지 식재의 경우에도 월동 가능한 덩굴식물이 매년 증가하고 있다. 특히 봄부터 여름에 걸쳐서 꽃을 피우는 종류가 많고, 그 외에 꽃의 색과 모양, 향기의 유무 등으로 선택할 수 있다. 또한 수종의 덩굴식물을 혼합해서 식재한 사례도 많다. 하지만 혼식했을 경우에는 각각의 식물의 성장속도나 특성을 충분히 고려해 수량의 밸런스를 검토해야 한다.

클레마티스를 식재한 입면녹화

② 연속기반형(식재기반을 벽에 직접 설치) 에 적합한 식물의 계절변화
연속기반형에는 덩굴식물뿐만 아니라, 일반적으로 지피식물로 사용되는 식물도 식재할 수 있는 공법이 많다. 하지만 공법에 따라서는 선택할 수 있는 식물이 정해져 있는 경우도 있기 때문에 공법을 선택하는 단계에서 확인할 필요가 있다. 또한 교환이 간편한 공법도 있어 계절별로 식물을 교환해, 항상 계절감을 느낄 수 있게 하는 아름다운 입면녹화를 실현시킬 수도 있다.

남천을 식재해 교환이 간편한 입면녹화

■ 입면녹화에 사용되는 주요 덩굴식물의 계절변화(동경) ■

식물명	관상시기											
	1월	2월	3월	4월	5월	6월	7월	8월	9월	10월	11월	12월
클레마티스(상록,겨울 꽃)	꽃	꽃	잎	잎	잎	잎	잎	잎	잎	잎	잎	꽃
캐롤라이나자스민	잎	잎	꽃	꽃	잎	잎	잎	잎	잎	잎	잎	잎
비그노니아, 학자스민	잎	잎	잎	꽃	꽃	잎	잎	잎	잎	잎	잎	잎
등나무				꽃	꽃	잎	잎	잎	잎	단풍		
빈카마요르	잎	잎	잎	꽃	꽃	꽃	꽃	잎	잎	잎	잎	잎
클레마티스				잎	꽃	꽃	잎	잎	잎	잎		
마삭줄	잎	잎	잎	잎	꽃	꽃	잎	잎	잎	잎	잎	잎
돌가시나무, 인동덩굴	잎	잎	잎	잎	꽃	꽃	잎	잎	잎	잎	잎	잎
붉은인동덩굴	잎	잎	잎	잎	꽃	꽃	꽃	꽃	꽃	잎	잎	잎
등수국				잎	잎	꽃	꽃	잎	잎	잎		
능소화				잎	잎	꽃	꽃	꽃	꽃	단풍		
시계꽃	잎	잎	잎	잎	잎	꽃	꽃	꽃	꽃	잎	잎	잎
무늬배풍등	잎	잎	잎	잎	잎	꽃	꽃	꽃	꽃	잎	잎	잎
폴리고늄				잎	잎	잎	꽃	꽃	꽃	꽃	잎	
멀꿀	잎	잎	잎	잎	잎	잎	잎	열매	열매	열매	열매	잎
으름덩굴				잎	잎	잎	잎	잎	열매	열매		
남오미자	잎	잎	잎	잎	잎	잎	잎	잎	잎	열매	열매	열매
헤데라해릭스, 헤데라카나리엔시스	잎	잎	잎	잎	잎	잎	잎	잎	잎	잎	잎	잎
푸미라, 황금줄사철나무	잎	잎	잎	잎	잎	잎	잎	잎	잎	잎	잎	잎
담쟁이덩굴				잎	잎	잎	잎	잎	잎	단풍	단풍	

■ 유니트형 · 연속기반형 등의 입면녹화에 사용되는 주요식물의 계절변화(동경) ■

식물명	관상시기											
	1월	2월	3월	4월	5월	6월	7월	8월	9월	10월	11월	12월
자금우	열매	열매	잎	잎	잎	잎	잎	잎	잎	잎	열매	열매
피라칸사	열매	열매	열매	잎	잎	잎	잎	잎	열매	열매	열매	열매
로즈마리	잎	잎	잎	꽃	꽃	꽃	잎	잎	잎	잎	잎	잎
치자	잎	잎	잎	잎	꽃	꽃	잎	잎	잎	잎	잎	잎
붓꽃	잎	잎	잎	잎	꽃	꽃	잎	잎	잎	잎	잎	잎
애기말발도리				잎	꽃	잎	잎	잎	잎	잎		
란타나	잎	잎	잎	잎	꽃	꽃	꽃	꽃	꽃	꽃	꽃	잎
바위취	잎	잎	잎	잎	잎	꽃	잎	잎	잎	잎	잎	잎
비비추(호스타)				잎	잎	꽃	꽃	꽃	잎	잎		
개모밀	잎	잎	잎	잎	잎	잎	꽃	꽃	꽃	꽃	꽃	잎
맥문동	잎	잎	잎	잎	잎	잎	잎	잎	꽃	꽃	잎	잎
Cotoneaster과	잎	잎	잎	잎	잎	잎	잎	잎	열매	열매	열매	열매
Reineckea carnea	잎	잎	잎	잎	잎	잎	잎	잎	잎	꽃	꽃	잎
털머위	잎	잎	잎	잎	잎	잎	잎	잎	잎	꽃	꽃	꽃
헤데라, 줄사철나무, 초설마삭	잎	잎	잎	잎	잎	잎	잎	잎	잎	잎	잎	잎
눈향나무, 회양목	잎	잎	잎	잎	잎	잎	잎	잎	잎	잎	잎	잎
(다복)남천	단풍	단풍	단풍	단풍	잎	잎	잎	잎	잎	잎	잎	단풍
소엽맥문동, 얼룩조릿대	잎	잎	잎	잎	잎	잎	잎	잎	잎	잎	잎	잎

꽃 열매 잎 (온난한 장소의 경우) 단풍

※관상가치가 낮은 꽃과 열매의 경우는 표시안함

○적합　△중간　×부적합

식물명칭	원산지	식재가능지역	등반 특성	하수	상록/낙엽	陽←광조건→陰	湿←수분조건→乾	내風성	내潮성
등수국	일본~한반도 남부	북해도~큐슈	부착근		낙엽목본			○	△
포도	중근동, 북미, 아시아	북해도~큐슈	덩굴손		낙엽목본				
황금줄사철나무	일본, 한반도, 중국	북해도~오키나와	부착근	○	상록목본			△	△
담쟁이덩굴	일본	북해도~오키나와	吸盤		낙엽목본			○	○
폴리고늄	중국서부, 티베트	북해도~오키나와	감는덩굴		낙엽목본			○	△
빈카마이너	유럽중부	북해도~오키나와	–	○	상록다년초			○	△
등나무	일본	북해도~오키나와	감는덩굴, 덩굴손		낙엽목본			○	△
노박덩굴	일본, 중국, 대한민국	북해도 중부이남	감는덩굴		낙엽목본			○	△
으름덩굴	일본, 중국 등 동아시아	북해도남부~큐슈	감는덩굴		낙엽목본				△
키위	중국	북해도남부~큐슈	감는덩굴		낙엽목본			△	×
인동덩굴	일본, 중국	북해도 남부이남	감는덩굴		반상록목본			△	○
붉은인동덩굴	북미남부~동부	북해도 남부이남	감는덩굴		반상록목본			△	△
빈카마요르	남유럽, 북아프리카	북해도 남부이남	–	○	반상록다년초			△	△
헤데라 헤릭스	유럽, 서아시아, 북아프리카	북해도 남부이남	부착근	○	상록목본			○	○
능소화	중국	북해도 남부이남	감는덩굴, 부착근		낙엽목본			△	○
송악	일본	동북이남	부착근	○	상록목본			○	△
클레마티스	중국, 일본	동북이남	덩굴손		낙엽목본			△	△
여주	인도	동북이남	덩굴손		1년생초본			△	△
컨페더리트 자스민	일본, 한반도	동북이남	부착근	○	상록목본			△	△
조롱박 (호리병박)	아프리카	동북이남	덩굴손		1년생초본				
수세미	서아시아	동북이남	덩굴손		1년생초본				
멀꿀	일본~중국	동북이남	감는덩굴, 덩굴손		상록목본			△	○
비그노니아	아메리카남부	동북 남부이남	감는덩굴	△	상록목본			△	×
마삭줄	일본, 한반도	동북 남부이남	감는덩굴, 부착근	○	상록목본			△	○

꽃이피는시기(꽃색)	연간신장	총신장	특징
7~8月(흰색)	1m	10~20m	더위와 건조에 주의
	1m	10~20m	수천종류의 품중이 있다.
	0.5~2m	~5m	아메리카에서 개량된 품종. 12~2월에 잎이 물드는 종류도 있다. 유니트형,연속기반형, 포켓평, 플랜트형의 입면녹화에 사용되고 있다.
	2.5~5m	20m~	생장이 왕성하므로 넓은벽면의 녹화에 적합하다.
8~10月(흰색)	3~5m	10~20m	일본에서는 흰색의 작은꽃이 많이펴 쌓인눈을 연상시킨다고 夏雪葛(나쯔유키가즈라)란 이름이 정해졌다.
4~7月(보라/흰색)		~5m	빈카마요르보다 작다. 한지재배에 적합하고 번식력이 강하다. 여름의 고온다습에 주의
5~6月(보라색)	2.5~5m	20m~	꽃의 색이 다양하고 달콤한 향긱를 즐길 수 있다. 유인자재를 이용하면, 건물벽면의 녹화에도 이용할 수 있다. 생장 왕성
	2m	5~10m	생육이 왕성해 덩굴이 길게 뻗어난다. 암수를 같이 식재하면 열매가 잘 열린다. 열매는 야조가 좋아해 식이목의 역활도 한다.
4月(보라색)	1m	5~10m	파고라나 전통정원의 울타리 등에 이용하면 좋다. 암수 같은 그루이지만 2그루 이상을 같이 식재하면 열매가 잘 열린다.
5~6月(흰색)	2m	5~10m	열매를 수확하고 싶을 경우는 암수를 같이 식재한다. 열매는 6~11월 경.
5~6月(흰색)	1.5~5m	5~10m	꽃의 향기가 좋고 흰색에서 노란색으로 변화한다. 한랭지에서는 겨울에 잎이 떨어진다.
5~10月(빨간색)	1~3m	5~10m	생육이 왕성하다. 겨울에는 잎이 떨어진다.
4~7月(보라색)		~5m	포복성이고 생육이 왕성하다. 관동이북의 한랭지에서는 겨울에 잎이 떨어진다.
	0.5~2m	20m~	품종이 다양해 색의 조합이나 잎의 형태,크기에 따른 혼식을 즐길수 있다. 유니트형, 연속기반형, 포켓형, 플랜트형의 입면녹화에 자주 상용되고 있다.
6~9月(주황색)	3~5m	20m~	등반시킬 경우, 꽃이 위쪽에서 아랫쪽으로 처져서 핀다.
10~12月(황녹색)	0.3~0.7m	20m~	담쟁이와 달리 상록이다. 많은 기근을 내어 부착등반한다.
5~7月(보라/흰색등)	2~3m	5~10m	건조에 약하다. 개량된 원예품종이 풍부해, 상록성인 종도 있다.
7~8月(노란색)	4~5m	~5m	여름의 기상조건에 따라 동북지역과 일부 북해도지역에서도 도입사례가 있다.
5~6月(흰색)	0.5~1.5m	5~10m	대기오염에 강하다. 유인하면 펜스등에 등반형으로도 이용할 수 있다.
7~9月(흰색)	4~5m	~5m	열매의 크기에 따라 품종을 구별할 수 있다.
7~9月(노란색)	4~5m	~5m	어린 열매는 식용으로도 사용된다. 일본에서는 그린커텐이라 해서 여름의 일사차단용으로의 도입이 늘어나고 있다.
5~6月(연보라색)	1~3m	5~10m	생장이 왕성해 넓은 면적의 피복에 적합하다. 소형 공작물에 사용할 경우에는 유인과 전정이 중요하다.
5~6月(오렌지색)	3~5m	10~20m	오렌지색의 나팔모양의 꽃. 꽃이 피어있는 기간이 짧다. 꽃의 향이 카레향과 비슷하다. 묘목을 전정해 분지를 늘리면 좋다.
5~6月(흰색)	1~3m	10~20m	흰색의 꽃은 향기도 좋고 관상성도 뛰어나다. 생육이 왕성해 적당한 시기에 전정해 주면 아름답게 피복할 수 있다. 유니트형, 연속기반형, 포켓형, 플랜트형 입면녹화에 자주 이용된다.

헤데라 카나리엔시스	북아프리카	동북 남부이남	부착근	○	상록목본			○	○
남오미자	일본, 한반도, 대만	관동이남	감는덩굴		반상록목본			△	△
나팔꽃	일본남부	관동이남	감는덩굴		반상록다년초			○	○
무늬배풍등	남아프리카	관동이남	감는덩굴		반상록목본				△
푸미라	일본, 중국남부	관동이남	부착근		상록목본			△	○
캐롤라이나자스민	북미남부~중미	관동이남	감는덩굴	△	상록목본			△	×
시계꽃	페루, 브라질	관동이남	덩굴손	△	반상록다년초			△	△
학자스민	중국남부	관동이남	감는덩굴		상록목본			△	
돌가시나무	일본, 중국, 대만	관동이남	–	○	반상록목본			○	○
알라만다	남미 기아나	오키나와	감는덩굴		상록목본			○	○
부겐빌리아	남아메리카	오키나와	감는덩굴		상록목본			△	○

■ 수종과 최저기온의 기준 ■

일람표의 ▮▮▮▮ 색의 식물을 발췌

헤데라 헤릭스

담쟁이덩굴

인동덩굴

능소화

− 23℃以下   − 12℃

	1~3m	20m~	잎이 크고 광택을 띈다. 자기 힘으로 등반은 못하지만, 유인에 의해 피복할 수 있다.
7~9月(노란색)	0.5~2m	5~10m	정기적인 전정에 의해 형태를 관리 할 수 있다. 한랭지에서는 겨울에 잎이 떨어진다.
6~11月(보라/흰/분홍)		5~10m	기본적으로 강건하다. 난지에서는 지면에 식재해 월동하는 종류도 있다. 난지에서는 상록성
6~7月(청자/흰색)	3~5m	5~10m	다소 추위에 약하다. 봄에 오래된 가지나 많이 자란 가지를 전정하면 좋다. 일본원산의 좁은잎배풍 등과 구별이 어렵다.
	0.3~0.7m	10~20m	담장이나 돌담등의 벽면에 기근으로 부착하며 뻗어난다. 분지에 의해 고밀도의 녹화가 가능하다. 유니트형, 연속기반형, 포켓평, 플랜트형의 입면녹화에 널리 사용되고 있다.
3~6月(노란색)	1~3m	5~10m	노란색 꽃이 아름답다. 성장이 빠르고 상방신장의 경향이 있어, 묘목을 전정해 분지를 늘린다.
6~8月(보라색 등)	5~8m	20m~	시계의 문자판을 연상시키는 꽃. 열대성이라 관동지방에서는 찬바람을 피할 수 있는 장소에 식재하는 것이 좋다.
3~6月(흰색)	1m	5~10m	꽃봉오리가 분홍색. 줄기의 선단에 꽃이 모여서 핀다. 꽃이 강한 향을 가지고 있다.
5~6月(흰색)	1~3m	5~10m	광택을 띠는 잎과 초여름의 흰색꽃이 미력. 가시가 없는 품종도 있다.
4月~10月(노란/분홍색)		5~10m	10℃이상의 경우에는 연중 꽃이 피어있다.
5~10月(흰색)	1~2m	10~20m	생육적정온도는 25℃~30℃. 월동하려면 밤기온 5℃이상을 유지해야 한다. 관동에서의 생육에는 방한대책이 필요하다.

헤데라 카나리엔시스

시계꽃

멀꿀

캐롤라이나자스민

부겐빌리아

■ 초본식물 일람 (유니트형, 연속기반형, 포켓교환형, 플랜트형 입면녹화에 사용되고 있는 식물 예)■

식물명칭	원산지	식재가능지역	상록/낙엽	陽←광조건→陰	湿←수분조건→乾
코토네아스타(cotoneaster)	중국남서, 히말라야	북해도~오키나와	상록목본		
비비추	일본, 중국	북해도~오키나와	동고(冬枯)초본		
기린초	일본~시베리아	북해도~큐슈	상록초본		
송엽국(사철채송화)	남아프리카	북해도~큐슈	상록초본		
크리스마스로즈	유럽	북해도중부~큐슈	상록초본		
타임	지중해서부	북해도~관동북부	상록목본		
도깨비고비	일본, 한반도, 중국	북해도남부이남	상록목본		
영산홍	일본	북해도남부이남	상록목본		
큰꽃철쭉	원예종	북해도남부이남	상록목본		
꽝꽝나무	일본, 한반도	북해도남부이남	상록목본		
황산계수나무(스키미아)	일본	북해도남부이남	상록목본		
소엽맥문동	일본, 중국	북해도남부이남	상록초본		
로즈마리	지중해 해안부	북해도남부이남	상록목본		
자금우	일본, 한반도, 중국	북해도남부이남	상록목본		
눈향나무	큐슈(九州),한반도남부	북해도남부이남~큐슈	상록목본		
멕시코돌나물	멕시코(중국이라고도 함)	동북이남	상록초본		
암남천	북아메리카	동북이남~큐슈	상록목본		
초설마삭	일본, 한반도	동북남부이남	상록목본		
다복남천	일본, 중국	동북남부이남	상록목본		
홍지네고사리	일본	동북남부이남	상록목본		
Reineckea carnea	일본	동북남부~큐슈	상록초본		
맥문동	일본	관동이남	상록초본		
무늬맥문동	일본	관동이남	상록초본		
털머위	일본, 한반도, 중국	관동이남	상록초본		
제라늄	남아프리카	관동이남	상록초본		
베고니아	아시아, 아프리카 등	관동이남	상록초본		
개모밀	히말라야	관동이남~큐슈	상록초본		

■ 대표적인 식물 ■

비비추

송엽국

크리스마스로즈

황산계수나무

도깨비고비

자금우

내風성	내潮성	꽃이피는시기(꽃색)	성장높이	특징
○	○	5月(흰색)	30cm	바로 자라는 것과 옆으로 퍼져 자라는 종이 있다. 단풍과 빨간 열매를 즐길 수 있다.
△	△	7~8月(연보라색)	10~30cm	잎이 아름다워 인기가 높지만 겨울에 잎이 말라버려 겨울의 수경효과는 떨어진다.
		6~9月(노란색)	30cm	다육식물. 멕시코돌나물보다 잎이 크다.
○	○	5~6月(홍자색)	~100cm	다육식물. 잎이 소나무잎에 꽃이 국화에 닮아서 지어진 이름이다.
△	△	12~3月(흰색)	30cm	겨울철에 꽃을 피우고, 꽃이 피어있는 시기가 길다.
○	△	5~7月(연분홍색)	~30cm	허브의 일종. 살균,방부효과가 있어, 료리나 방부제등에 사용된다.
△	○		50cm	광택을 띠는 밝은 녹색의 잎이 아름답다. 전통정원 뿐만아니라 서양풍의 건축에도 잘 어울린다.
○	△	6~7月(홍자색)	~100cm	전정에 강해 손질이 용이하다.
△	×	4~5月(흰색 외)	~200cm	빛이 강한 장소에서의 내성이 강하다. 꽃색의 변화가 풍부하다.
○	○		~300cm	양지를 좋아하지만 음지에서도 잘 자란다. 내화성이 강하다.
△	×	4~5月(흰색)	~150cm	산에서 자주 보인다. 광택을 띠는 다원형의 잎
△	△	7~8月(흰색)	20cm	그늘에 강하다. 건물의 북측 , 고가 밑 등 밤이슬을 맞지 않는 장소에서 주로 사용된다.
△	△	5月、11~3月(보라색)	~150cm	허브의 일종. 항균작용과 산화방지작용이 있다.
△	△	7~8月(흰색)	20cm	음지에 적합하다. 강한 빛이나 건조풍에 주의
○	○		30~150cm	가지가 지면을 포복하며 자란다. 성질이 강건. 전통정원, 도시공간에 관계없이 사용되고 있다.
○	△	5~6月(노란색)	20cm	다육식물. 황녹색의 잎이 밝은 인상을 주어 아름답다. 강건하고 재배가 용이하다.
△	△	5~6月(흰색)	~100cm	소관리형이지만, 건조에는 주의해야 한다.
△	○	5~6月(흰색)	40cm	마삭줄의 무늬가 들어있는 품종. 음지에서도 강하지만, 무늬를 뚜렷이 하기 위해서는 빛이 중요하다.
△	△		40cm	늦가을에서 봄에 걸쳐 빨갛게 물들어 아름답다.
△	△		50cm	새싹이 붉게 나는 것이 아름답다.
△	△	9~10月(연보라색)	30cm	음지에서도 잘 견딘다. 꽃이 피면 좋은 일이 있다고 전해져와 운수가 좋은 다년초
△	△	8~9月(보라색)	40cm	음지에 강하다. 건물의 북쪽, 고가밑 등 밤이슬을 맞지 않는 장소에서도 이용되고 있다.
△	△	8~9月(보라색)	40cm	무늬를 가진 밝은 잎이 특징이다. 내음성이 뛰어나 건물의 북쪽이나 고가밑에서도 사용가능하다.
○	○	10~11月(노란색)	60cm	광택을 띠는 진한 녹색의 잎이 특징. 무늬가 들어간 잎을 가진 품종도 있다.
×		2~10月(빨강색 외)	~60cm	허브의 일종. 잎의 색과 모양이 다른 다양한 품종이 있다. 다습주의
		3~11月(빨강색 외)	50cm	구근, 관엽 등 종류과 풍부하다.
△	△	7~11月(연분홍색)	10cm	강건하고 줄기에서 뿌리를 내어 지면을 덮으면서 성장해, 지피식물로 사용되고 있다. 야생화 된 것도 있다.

다복남천

맥문동

암남천

홍지네고사리

털머위

개모밀

3. 입면녹화의 식재기반

입면녹화는 날아온 종자나 새의 운반 등에 의한 자연발생적인 것을 제외하면, 대부분 인공적으로 계획된 것이다. 그렇기 때문에 적용된 객토재료는 식물생육에 적합한 것이 결정된다. 다시말해 물리성 및 화학성에 대해 식물이 건전하게 생육할 수 있는 성능을 가진 토양이 사용된다. 국토교통성, UR도시기구(한국의 주택공사에 상응), NEXCO(구 일본도로공단)에서도 사용하는 객토재의 질을 토양의 물리, 화학성의 분석결과를 기준으로 규정, 관리하고 있다. 입면녹화의 경우에도 식물의 건전한 생육과 필요로 하는 녹화면적을 확보하기 위해서는 기본적으로 식물의 생육량에 충분한 양질의 토양을 확보해야 한다. 〈표 4-1〉은 4단계로 분류한 수목의 생육상태와 그에 맞는 객토재의 물리, 화학성의 항목과 기준이 되는 수치를 나타내고 있다.

입면녹화의 사례에서도 생육상태가 나쁜 사례의 대부분이 객토재의 영향때문이 아니라 빛과 바람, 혹은 관수량, 관수방법, 배수성 등의 외부 환경요인이 원인으로 밝혀져 있다. 적합하지 않은 환경요인이 식물의 생육에 결정적인 영향을 끼치기 때문에, 이러한 사항들은 계획단계에서부터 염두에 두어야 한다.

생육상태의 평가치		1(우수)	2(양호)	3(불량)	4(극불량)
시각적인 생육상태 이상					
수목 각부위의 생육상태 (일부생략)	수세	왕성한 생육을 보이고, 생육이 빠르다.	정상적으로 생육하고, 이상은 보이지 않는다.	생육불량이 두드러지고, 이상이 뚜렷이 나타난다.	생육이 이루어지지 않고, 말라버리는 등 회복이 희박
	잎	잎의 양이 많아, 외관상 줄기가 잘 안 보임. 색, 광택 양호	잎의 양, 형색, 광택, 낙엽이 정상	잎의 양이 적고, 형색이 나쁘다. 낙엽이 빨리 떨어진다.	잎이 거의 없고, 잎의 형색 등의 이상이 두드러진다.
토성(근권토양)		L SL	CL SCL SC	SiL SiCL SiL LiC SLS	HC
투수계수 cm/sec		$10^{-1} \sim 10^{-2}$	$10^{-2} \sim 10^{-4}$	$10^{-4} \sim 10^{-6}$	10^{-6}이상
유효수분 l/㎥		120이상	120~80	80~40	40이하
토양경도 mm		15~20	8 ~14 21~23	7이하 24~26	27이상
삼상분포 (고상율)%		20이하	20~30	30~40	40이상
자갈함유율 V%		20이하	20~40	40~60	60이상

pH(H2O)	5.6~6.8	4.5~5.6 6.8~8.0	3.5~4.5 8.0~9.5	3.5이하　9.50이상
염기교환용량 me/100g	20이상	20~6	6이상	
전기전도도 ms	0.20이상	0.2~1.0	1.0~1.5	1.50이상
부식함량 %	50이상	5~3	30이하	
전질소 %	0.12이상	0.12~0.06	0.06이상	
유효태인산	20mg/100g이상	20~10mg/100g	10mg/100g이하	
교환성 칼륨	15mg/100g이상	15~7mg/100g	7mg/100g이하	
교환성 칼슘	280mG/100g이상	280~140mg/100g	140mg/100g이하	
교환성 마그네슘	50mg/100g이상	50~25mg/100g	25mg/100g이하	

■표 4-1■ 토양의 물리・화학성과 식물의 생육상태

(1) 식물에 있어서 토양이란 무엇인가?

빛, 물, 공기는 식물이 생장하는 데 있어서 반드시 필요하다. 고등식물은 태양광, 공기중의 이산화탄소, 그리고 뿌리에서 빨아들인 수분을 이용해서 광합성을 한다. 물론 이때 산소를 마시고 이산화탄소를 뱉어내는 호흡도 동시에 실시한다. 생명유지의 기본적인 활동이라 할 수 있다. 토양은 기상, 액상, 고상의 삼상구조로 구성되어 있다. 기상은 뿌리의 호흡에 필요한 산소를 공급하고, 액상은 광합성에 필요한 수분을 공급한다. 또한 뿌리는 고상을 세근으로 단단히 잡고 있음으로서 수간을 지지하고 있다. 토양의 삼상구조가 건강하게 유지됨으로서 뿌리의 활동을 유지할 수 있다. 토양은 낙엽을 포함한 생물유체의 분해와 재흡수의 장을 제공하고, 그 역할을 담당하고 있는 미생물의 서식처로서 또한 미량영양소의 공급원 등의 중요한 역할을 하고 있다.

담수상태가 식물의 생명활동에 악영향을 끼치는 것은 호흡곤란에 의해 뿌리에 활동부전을 가져오기 때문이다. 반면 건조상태의 경우에는 광합성 활동에 필요한 수분공급이 곤란해질 뿐만 아니라 세포의 원형질 분리를 일으켜 고사하게 된다. 이러한 이유로 식재기반이 지면에서 떨어져 있을 경우, 관수량과 관수빈도의 설정, 배수성의 확보가 중요하다. 적절한 토양의 삼상구조 유지가 식물의 원할한 생육확보를 위해 중요한 것은 이러한 이유 때문이다.

(2) 좋은 토양의 구조

뿌리의 활동에 적합한 토양은 통기성이 좋고, 보수성이 있고, 보비력이 뛰어난 토양이다. 삼상구조의 균형이 잡힌 토양은 이러한 조건을 갖추고 있다. 보수성과 통기성은 상반하는 성질처럼 보이지만, 입단구조의 흙은 두 성질을 함께 갖고 있다. 흙은 작은 알맹이로 만들어져 있는데, 그 알맹이가 일정 단위로 모여 경단형의 입자가 되는 것을「입단구조」라 한다. 그와 반대되는 것이 단립單粒구조이다. 점토나 모래의 상태로, 점토의 경우 틈이 적고 그에 따라 공기나 수분의 이동도 적기 때문에 공기부족에 의해 뿌리가 썩게 되고,

모래의 경우 수분부족으로 뿌리의 활동을 억제한다.

입단구조의 흙을 만드는 효과적인 방법의 하나가 흙에 퇴비, 부엽토, 피트모스 등의 유기물을 섞는 것이다. 유기물은 분해되어 부식되어 흙 안에 많은 공간을 만들어 흙의 입자를 단립화 시키는 접착제와 같은 역할을 한다. 또한 유기물은 유용한 미생물의 서식지도 되어 비료분을 보유하고 지키는 힘을 발휘한다. 따라서 잘 부식된 유기질이 넉넉히 함유된 흙이 부드럽고 탄력있는 비옥한 흙이라 할 수 있다. 하지만, 흙 안의 유기물은 미생물에 의해 서서히 분해되므로 적절하게 유지해야 한다.

(3) 플랜트의 흙

입면녹화의 경우 콘테이너 혹은 플랜트를 건축물 외벽에 설치해 식물로 벽면을 덮는 형태가 많다. 플랜트에서 재배하는 식물은 노지나 화단에서의 재배와 달라 정해진 소량의 흙에서도 뿌리를 활발하게 생육시키는 것이 중요하다. 그렇기 때문에 한 종류의 흙을 사용하는 것이 아니라, 몇 종류를 배합해서 각각의 좋은 성질을 살릴 수 있도록 하는 것이 좋다.

① 흙 만들기

기본이 되는 적토, 흑토 등에 틈을 만들어 통기, 배수가 좋은 펄라이트, 버미큐라이트와 유기질 재료인 부엽토나 피트모스 등의 3그룹을 한 종류씩 선택해서 섞는다. 기본 흙에 비해 부엽토 등의 유기질을 많이 넣을수록 통기성이 좋다. 펄라이트, 버미큐라이트 등은 흙이 딱딱하게 굳어버리는 것을 방지해 틈을 가져다주는 효과가 있다.

② 흙의 양을 확보한다.

식물은 토양에 다음과 같은 조건을 요구한다. 뿌리의 신장이 가능한 부드러운 토양, 수염뿌리의 발생을 왕성하게 하는 기상율이 높은 토양, 보수성이 뛰어난 구조를 가진 토양, 이러한 유효토양이 두껍게 퇴적된 상태를 필요로 한다. 적은 객토량에서는 식물이 크게 생육하기 어렵다.

이용가능한 토양의 양에 따라 식물의 생육량이 크게 달라진다. 수목의 생육반응 실험에서 다른 조건을 일정하게 해도 포트의 크기에 따라 생육량의 결과가 다르다고 밝혀졌다. 뿌리가 관통하지 못하는 장벽에 부딪치면 생육억제물질을 생성해 그 물질이 수액과 함께 지상부에 운반되어 성장을 억제하는 반응을 일으킨다고 한다. 이는 입면녹화의 경우에도 필요로 하는 면적에 따라 식물의 생육량을 확보하기 위해서는 그에 맞는 양의 토양이 필요하다는 것을 의미한다.

(4) 입면녹화의 필요토량

입면녹화에 있어서 필요토량은 녹화면적 1 ㎡당 50ℓ 정도이다.

① 사례로부터의 검증

인공경량토양 20ℓ의 식재봉투에 헤데라를 식재한 경우에는 1~2년에 최대 1㎡의 녹피면적을 확보했지만, 그 후 점점 쇠퇴해 3~4년에 0.5㎡ 이하가 되버렸다. 그대로 방치해 두어 고사하지는 않았지만 생육상태가 점점 더 쇠퇴했다. 그 후 5년 후에 뿌리를 잘라주고

비료를 주어 회복하긴 했지만 0.5㎡ 정도 밖에 생육하지 못했다. 또한 20~30ℓ정도의 작은 플랜트에 식재한 헤데라는 녹피량이 1㎡에도 미치지 않는 것이 많았다. 이러한 결과로 판단해 녹피량(녹피면적) 1㎡를 유지하기 위해 필요한 토양의 양은 넉넉히 50ℓ정도라 할 수 있다.

② 증산량에 따른 검토

입면녹화 1㎡당의 증산량은 담쟁이덩굴, 여름, 남쪽면의 경우 하루당 5ℓ정도이다. 토양의 유효수분량(토양에 있어서 식물이 유효하게 이용할 수 있는 최대 보습량)은 화산회토 80~120ℓ/㎥, 마사토 60~90ℓ/㎥정도이고, 옥상녹화용 경량토양에서도 100~200ℓ/㎥정도이다. 예를 들어, 유효수분량 100ℓ/㎥의 토양 50ℓ에 식재해, 1㎡의 입면녹화가 형성되어 있다고 할 경우 50ℓ 토양의 식물이 이용가능한 최대수량은 5ℓ가 되어, 1㎡당 5ℓ의 일 증산량과 같아진다. 이는 관수가 하루 한 번 이상 필요하다는 것을 의미한다. 혹은 하루 두 번의 관수도 생각할 수 있지만, 한여름 낮시간의 관수는 수온 상승의 원인으로 일반적으로 피하고 있다. 또한 점적관수로 전 토양을 포화시키는 것은 어렵고 전체의 보수량은 유효수분량보다 적어지는 경우가 많다. 이를 감안하면 하루 한 번 관수시 녹화면적 1㎡당 토양 50ℓ이상은 확보하는 것이 좋다.

③ 문헌으로부터의 검증

"높이 6m의 나무에는 4㎥의 흙이 필요하다"고 기재된 옥상녹화 관련 문헌이 있다. 예를 들어 수목의 높이 6m, 수관폭 6m일 경우, 상반부를 원추로 하고 하반부를 반대방향의 원추로 하는 수형이라 치고, 표면적을 산출하면 80㎡가 된다. 이 수목의 표면적을 입면녹화의 녹피면적으로 생각하면, 80㎡의 경우 4㎥의 토양이 필요하게 된다. 다시 말하자면 1㎡당 50ℓ가 필요하게 된다. 조금은 무리한 가설을 세워 고찰하면, 녹화면적 1㎡당 50ℓ는 결코 과대하지도 과소하지도 않다고 생각된다. 하지만 수종과 토양의 질, 식재장소, 관리방법 등에 따라서 50ℓ보다 적은 토양으로도 순조롭게 생육시키는 것이 가능하다고 할 수도 있지만, 토양이 많을수록 식물이 건전하고 지속적으로 생육할 수 있음은 틀림없다.

또한 플랜트 식재의 경우 뿌리의 루핑을 방지하는 것이 중요하다. 이에 대처하기 위해서는 전체의 토양량을 늘리는 것 뿐만 아니라 한 개의 플랜트의 용량을 될 수 있는 한 크게 하는 것이 좋다. 입면녹화에서는 벽면에 따라 연결된 플랜트가 이상적이다. 예를 들어, 폭 5m의 벽면을 녹화하는데 1m의 플랜트를 5개 설치하는 것보다 현지에서 연결가능하다면 폭 5m의 플랜트 1개로 만들면 뿌리의 루핑을 방지할 수 있고, 보다 지속적인 식물의 생육이 가능하다.

■참고문헌■

『緑を創る植栽基盤』(1998：ソフトサイエンス社／輿水肇、吉田博宣編)、

『「根」物語』(1994：研成社／高橋英一著)、

『土からはじめる花と緑』(1998：ベネッセコーポレーション／恵泉女学園短期大学監修)、

『樹木学』(2001：築地書館／ピーター・トーマス著、熊崎実他訳)、

『最先端の緑化技術』(1989：ソフトサイエンス社／亀山章他編)

4. 입면녹화용 보조자재

(1) 입면녹화용 보조자재의 종류

입면녹화용 보조자재는 주로 덩굴식물을 식재해서 벽면을 녹화할 경우에 사용된다. 보조자재를 벽면에 설치할 때는 후시공앵커를 사용해서 설치하는 경우가 많다. 앵커는 콘크리트나 ALC 등과 같은 벽면의 소재, 보조자재 및 식물의 적재하중과 고정부분, 물과 바람에 의한 하중 등을 고려해 충분한 강도를 가진 것을 선정할 필요가 있다(상세는 5장 시공편을 참조).

보조자재에는 여러가지 종류가 있지만 일반적으로 많이 사용되는 자재는 다음의 3가지 타입으로 나뉜다. 사용하는 장소나 덩굴식물의 종류, 벽면의 소재, 시공조건 등을 고려해 최적의 자재를 선정해야 한다.

① 철망, 와이어

주로 감는 등반형 덩굴식물을 사용할 경우에 사용되며, 발코니 등 차광을 필요로 하는 장소에 적합하다. 하수형 입면녹화에도 사용되는 경우가 있고 보조자재로서 식물을 정기적으로 유인 결속하는 사례가 많다.

재질은 건축의 경우 내식성과 디자인성을 중시해 스테인리스재를, 토목의 경우에는 비용을 중시해 아연도강재를 일반적으로 많이 사용하고 있다. 격자의 사이즈는 50~200㎜정도가 가장 많이 사용되고 있다.

② 철망, 매트 일체형

주로 부착등반형 덩굴식물에 사용되며, 창이 적은 건물의 외벽이나 외부구조의 옹벽 등에 적합하다. 등반형 덩굴식물에도 유효하기 때문에 녹화를 완성시키기까지의 기간이나 경관, 유지관리 등을 고려해 수종의 덩굴식물을 혼식하는 사례도 많다. 하수형 입면녹화에 사용되는 경우도 있어 식물이 바람에 흔들리지 않게 한 구조의 자재를 사용한 사례도 있다. 매트의 재질은 내후제 처리한 야자섬유로 5년 정도의 내구성이 있는 재료가 많이 사용되고 있다. 이 매트는 헤데라 등이 부착하기 쉬운 소재로서 사용되고 있지만, 등반 피복시키기까지의 자재이므로 내용연수가 다가올 때에는 벽면전체를 덮을 수 있도록 식재기반의 질과 볼륨, 비료, 수종선정에 힘을 기울여야 한다.

③ 화학섬유네트

주로 나팔꽃이나 여주 등의 감는 덩굴 등반형의 초본류를 사용할 경우에 사용된다. 학교나 주택 등의 발코니나 베란다에서 일사가 강한 창의 외부에 설치되어 「그린 커텐」이라 불리는 것은 대부분이 이 타입이다.

재질은 폴리에틸렌재나 플라스틱재가 일반적으로 많이 사용되고 있다. 네트의 눈이 너무 작으면 잎이 달라붙어 바람이 불 경우 면으로서 풍압을 받기 쉬워져 예상 이상의 바람의 하중을 받을 수 있기 때문에 네트의 눈은 100~200㎜정도가 적합하다.

나팔꽃이나 여주 등은 겨울이 되면 지상부가 말라 갈색이 된 잎이나 덩굴이 네트에 달라붙어 남아있으므로 말라버린 덩굴과 함께 매년 겨울에 네트째로 갈아주는 경우가 많다.

철망, 와이어

철망, 매트 일체형 보조자재

화학섬유 네트

(2) 입면녹화용 보조자재와 식물과의 궁합

부착등반형의 담쟁이나 푸밀라처럼 부착력이 강한 식물은 초기비용을 낮추기 위해 보조자재를 사용하지 않고 직접 벽면에 등반시키는 경우가 많다.

부착등반형 중에서도 헤데라류는 상록이며 비교적 소관리형 입면녹화가 실현가능하여 여러 장소에서 식재되고 있다. 등반형태는 부착근을 벽면에 부착시켜서 등반시키기 때문에, 헤데라류를 조기에 확실하게 등반시키기 위해서 개발된 철망, 매트일체형 보조자재가 많이 사용되고 있다. 또한 정기적으로 유인작업을 반복하면 철망이나 와이어로도 충분히 피복시킬 수 있다.

감는 등반형 덩굴식물은 격자상의 보조자재에 덩굴이나 덩굴손 등을 감아가면서 등반한다. 보조자재는 철망과 와이어같이 격자로 된 것이 많이 사용되고 있지만, 상시 바람이 부는 장소에서는 등반속도가 저하되기 때문에 정기적으로 유인작업을 실시하는 것이 좋다. 철망, 매트 일체형 보조자재를 사용해 헤데라 등과 혼식하는 사례도 많이 있다.

감는 등반형 덩굴식물 중에서도 초본류의 나팔꽃이나 여주, 수세미를 식재하는 경우에는 겨울이 되면 지상부가 말라버리기 때문에 보조자재는 저렴한 화학섬유 네트를 설치해, 말라 갈색이 되버린 잎과 덩굴을 네트째로 교환해 버리는 사례가 많이 있다.

하수형 입면녹화는 보조자재를 사용하지 않고 식물을 위에서 늘어뜨리는 사례를 볼 수 있다. 하지만 바람이 강한 장소에서는 식물을 수m 늘어뜨리는 것은 어렵기 때문에 철망 등의 보조자재를 설치해 정기적으로 덩굴식물을 유인 결속하는 사례가 많다. 덩굴식물을 사용할 경우에는 바람에 흔들리지 않게 하는 하수형 녹화 전용자재를 사용하는 사례도 늘어나고 있다.

분류	주요 식물	특성	보조자재의 종류			
			사용안함	철망 와이어	철망+ 야자메트	화학섬유 네트
부착 등반형	푸미라 담쟁이덩굴	부착근 흡반	●	●	●	●
	헤데라류 줄사철나무류	부착근	▲	▲	◎	▲
감는덩굴 등반형	비그노니아 마삭줄 능소화	부착근 감는덩굴	×	●	◎	▲
	캐롤라이나자스민 인동덩굴, 멀꿀 시계꽃 클레마티스(목본류)	감는덩굴 덩굴손	×	◎	◎	▲
	나팔꽃, 여주 수세미(초본류)	감는덩굴	×	●	●	◎
하수형	헤데라류, 눈향나무, 로즈마리, 돌가시나무, 코토네아스타	하수	▲	▲	▲	▲

◎ : 최적　●　: 적합　▲ : 적당한 관리에 의해 적합　× : 부적합

부착등반형 헤데라류
(철망, 매트 일체형 보조자재)

감는덩굴 등반형 인동덩굴
(철망)

감는덩굴 등반형 나팔꽃
(화학섬유 네트)

(3) 식물과 벽면 마감재와의 궁합

식물과 벽면의 마감재와의 조합에 따라서는 보조자재를 사용하지 않고 입면녹화를 시행할 수도 있다. 푸밀라나 담쟁이덩굴은 부착력이 강해 마감재에 관계없이 대부분의 벽면에 부착등반한다. 이러한 식물을 벽면에 직접 등반시킬 경우, 식물이 등반하는 속도가 각각 다르거나 유리면 등의 녹화범위 이외의 부분에도 부착해서 퍼져나가는 경우도 있다. 그렇기 때문에 사용하는 장소, 용도를 고려해 유지관리계획을 충분히 검토해야만 한다. 미끄러운 마감재나 표면이 고온이 될 경우에는 부착하기 어려운 경우도 있어 표면이 다공질인 마감재가 적합하다.

헤데라류나 줄사철류는 표면이 다공질인 마감재에 부착근을 흡착시켜 등반한다. 벽돌이나 블록벽 등과 같이 보습성과 돌출이 있는 벽면, 세로방향으로 홈이 나 있는 곳에 등반하기 쉬운 경향이 있다. 푸밀라나 담쟁이덩굴에 비해서 부착력이 약해 강한 바람이나 무게에 의해 떨어져 버리는 경우도 있으므로 확실한 녹화를 위해 철망, 매트 일체형 보조자재 등을 설치하는 사례가 많다.

감는 등반형 덩굴식물을 사용할 경우에는 보조자재의 설치가 필수조건이다. 철망, 와이어, 화학섬유네트를 설치해 덩굴식물을 성장시켜 녹화를 완성할 경우 준공후 일정기간 동안은 벽의 표면이 보이기 때문에 건축물의 마감재도 생각해서 결정할 필요가 있다.

하수형 입면녹화의 경우 식물이 무게에 의해 밑으로 늘어져 벽면에는 부착하지 않으므로 벽면의 마감재와는 특별히 상관성이 없다.

분류	주요 식물의 종류	특성	적합한 벽면의 마감재
부착 등반형	푸밀라 담쟁이덩굴	부착근 흡반	대부분의 마감재에 등반하지만, 표면이 다공질인 마감재(벽돌, 목재, 자연석, 블록벽 등)가 적합하다.
	헤데라류 줄사철나무류	부착근	표면이 다공질인 마감재(벽돌, 목재, 자연석, 블록벽 등)에 등반하지만, 확실한 녹화를 위해서는 보조자재가 필요하다.
감는덩굴 등반형	비그노니아 마삭줄 능소화	부착근 감는덩굴	마감재는 특히 상관없지만, 별도의 보조자재가 필요하다.
	캐롤라이나자스민 인동덩굴, 멀꿀 시계꽃 클레마티스(목본류) 나팔꽃, 여주 수세미(초본류)	감는덩굴 덩굴손	
하수형	헤데라류, 눈향나무, 로즈마리, 돌가시나무, 코토네아스타	하수	마감재는 특히 상관없지만, 별도의 보조자재를 사용하는 경우도 있다.

벽돌벽에 부착한 담쟁이덩굴

콘크리트벽에 흡반으로 부착한 담쟁이덩굴(빈번한 관리를 필요로 한다)

돌출이 있는 타일 벽면에 등반한 헤데라류

5. 관수설비

(1) 관수설비

관수는 우수를 보조하는 수단으로서 건물 외부 식재나 옥상녹화에서 널리 실시되고 있다. 손으로 직접 관수하는 경우도 있지만, 입면녹화에서는 자동관수시스템을 도입해서 확실하게 관수를 실시하는 것이 중요하다. 직접관수를 실시해 벽면에 식재한 식물을 말려버리는 것 보다는 비교적 적은 비용으로 물관리를 할 수 있는 자동관수시스템을 도입하는 것이 현명한 선택이다. 일반적인 옥상녹화나 건물 외부 식재의 자동관수와 결정적으로 다른 점은 우수센서 등을 이용해서 강우시에 자동관수를 정지시켜서는 절대로 안된다는 점이다. 이는 건축물 벽면의 식재기반은 바람등의 영향으로 확실하게 빗물을 맞을 수 있다는 보장이 없기 때문이다. 자동관수시스템은 기본적으로 4개의 부분으로 구성된다. 점적관수호스나 드리퍼 등의 물을 내보내는 부분, 전기박스나 컨트롤러 등의 제어부, 펌프나 탱크 등의 동력부, 그리고 제어부에서 판수, 드리퍼까지 물을 운반하는 파이프 부분이다.

(2) 수량, 수압의 검토와 계통 분류

관수설계에서 가장 먼저 실시하는 것은 입면녹화의 관수대상 면적부터 플랜트 설치장소를 확정해, 알맞은 관수호스부터 드리퍼를 선정하는 것이다. 다음으로 이것들을 어느 정도의 밀도(관수호스 간격, 점적구멍 간격, 면적당 드리퍼 수)로 설치할 지를 결정한다. 이것이 결정되면 대상부분에 대해서 1분간의 사용수량을 계산해 본다(예를 들어, 2ℓ/h의 드리퍼가 650개 사용되므로 1300ℓ/h가 되며, 그에 따라 1분간의 수량은 21.66ℓ/min). 사용수량을 알았으면 다음으로 대략 파이프의 직경과 필요한 수압을 상정해 어떤 계통을 적용할 것인지를 결정할 수 있다. 헤젠 윌리암스 공식을 기준으로 적절한 유속과 수량과 파이프 직경을 결정하고, 파이프 직경이 결정되면 위생설비공사의 요청으로 계통을 종합해 전기박스를 줄이는 것도 가능하고, 반대로 수량을 많이 확보하기 어려우므로 계통(전기박스수)을 늘려 순차적으로 급수해서 적은 수량을 대신할 수도 있다.

(3) 압력의 손실(수두손실)과 높이차에 의한 가압의 검토

옥상녹화의 계획에서는 가로방향으로 파이프를 늘렸을 경우의 압력의 손실(수두손실)에 주의해야 하지만, 입면녹화에서는 높이차에 따른 압력의 증가에 주의하지 않으면 안된다. 예를 들어 입면녹화의 2층에서 11층까지의 각 발코니에서 실시하는 경우, 층높이 3m라고 해도 27m의 높이차를 가져온다. 수압으로 치면 2.7kgf/㎠(0.264799MPA)가 된다. 시판되고 있는 드리퍼는 일정범위의 압력에서 정해진 수량을 내보내도록 설계되어 있기 때문에 이 높이차에 의해서 내보내는 수량이 달라지게 된다. 계통분류를 실시할 때에는 3층분을 1블럭으로 설정해 그 위에 감압판을 물려 취출부에 접촉하는 등의 조정이 필요하다. 그 외의 파이프를 연장할 때 수두손실에 주의 할 점과 전기박스, 여과기, 스크린필터의 제어부 등에서도 압력의 손실이 발생하기 때문에 전체의 계획이 정리된 단계에서 단말까지 계획대로의 압력이 얻어지고 있는지를 체크한다.

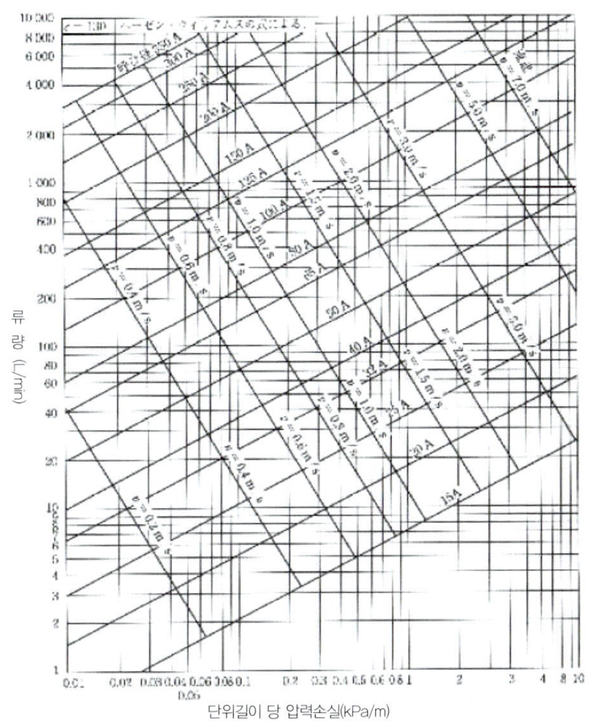

(4) 크로스커넥션(Cross Connection) 대책 , 쿠션탱크 설치

입면녹화에 급수할 때 한번 관수호스에 들어간 물이 역류하는 것은 위생상 절대로 피하지 않으면 안된다. 1차 급수를 일단 쿠션탱크에 떨어트려, 거기에서 펌프를 가압하도록 한다. 발주처에 따라서는 배큐엄 브레이커로 용인되는 경우도 있지만, 이것이 이 점에 있어서 필요한 최저라인의 장비라 할 수 있다.

(5) 동결대책

점적관수 호스나 드리퍼부분 이외의 파이프 등은 동결에 의해서 파열하지 않도록 보온대책을 하거나 폴리에틸렌관을 사용한다. 전기판 박스에도 안쪽에 히터선을 넣는 등 동결대책이 필요하다.

(6) 잉여수 대책

관수에서 식재기반에 물을 줄 경우, 모든 물을 식재기반에 흡수시킬 수 있도록 연구한 수량의 콘트롤러를 실시한다. 이에 더해 관수시간도 이용형태를 배려하면서 이른 아침에 맞추어 관수를 실시한다. 하지만 남은 물이 나오는 것을 완전히 막는 것은 어렵기 때문에 출입구처럼 입면녹화 아랫 부분에서의 사람의 왕래가 예상되는 장소에서는 입면녹화의 최하부에 배수용 팬을 설치하는 등 잉여수에 대한 대처를 해야 한다.

6. 바람대책

바람은 식물의 증산작용을 촉진시켜 식물의 생육을 향상시키고 병충해의 발생, 퍼짐을 억제시키기 위해서 적당히 필요하지만, 강풍이나 상시 바람이 강하게 부는 장소에서는 식물이 벽면이나 식물끼리 부딪쳐서 생육을 방해하므로 생육을 장애시키는 요인이 된다. 일반적으로 입면녹화를 계획하는 건축물의 주변의 상황에 좌우되긴 하지만, 입면녹화의 위치가 높아지면 바람이 강해져 영향을 받기 쉬워진다.

일본의 건축기준법과 국토교통성의 고시에서는 벽면의 외장재 등에 끼치는 바람의 강도에 대해서 정의되어 있다. 입면녹화에 대한 내풍설계는 이 고시를 참고로 실시하는 것이 바람직하다. 특히 중고층 빌딩의 벽면에 녹화를 실시할 경우는 안전성의 면에서도 필요하다.

벽면에 가해지는 바람하중에는 정압과 부압이 있다. 건물의 바람이 불어오는 쪽에서는 건물에 부딪쳐 정압을 형성하고, 바람이 불어가는 쪽에서는 공기를 빨아들여 부압을 형성한다. 건물의 우각부 즉, 모서리에서는 평부보다도 큰 압력이 가해지므로 주의해야 한다(그림 4-1).

지붕, 외장재 및 실외에 면하는 외벽면에 대해서는 국토해양부에서 정한 기준에 준한 구조계산에 의해, 풍압에 따른 구조내력상 안전하다는 것을 확인할 필요가 있다. 자세한 사항은 「국토해양부 고시 제2009-1245호『건축구조기준』 0305 풍하중(p.57~79)」을 참조한다.

또한 아래의 〈그림 4-2〉, 〈표 4-2, 3, 4, 5, 6, 7〉는『건축구조기준』에서 인용하였다.

외장재 설계용 풍하중 W_c

$$W_c = p_c A \, (N)$$

주) p_c : 외장재설계용 설계풍압(N/m^2). 단, $500N/m^2$ 보다 작아서는 안 된다.

　A : 유효수압면적(m^2)

상기 계산식의 설계풍압은 지붕면의 높이에 따라 다음과 같이 산정한다.

1) 지붕면의 평균높이가 **20m** 이상인 건축물

① 정압인 외벽

$$p_c = q_z(GC_{pe} - GC_{pi}) \, (N/m^2)$$

② 부압인 외벽 및 지붕면

$$p_c = q_H(GC_{pe} - GC_{pi}) \, (N/m^2)$$

2) 지붕면의 평균높이가 **20m** 미만인 건축물

(단, 여기서 q_H는 지표면조도구분 **c**【표 4-5】에서의 설계속도압을 적용)

$$p_c = q_H(GC_{pe} - GC_{pi}) \, (N/m^2)$$

주) q_H : 지붕면의 평균높이 H에 대한 설계속도압(N/m2)

q_z : 지표면에서 임의높이 z에 대한 설계속도압(N/m2)

GC_{pe} : 외장재설계용 피크외압계수

GC_{pi} : 외장재설계용 피크내압계수

상기 계산식의 설계속도압 다음과 같이 산정한다.

$$q_z = 1/2pV_z^2 \ (N/m^2) \ (설계높이에 대한 설계속도압)$$

$$q_H = 1/2pV_H^2 \ (N/m^2) \ (지붕면 평균높이에 대한 설계속도압)$$

주) p : 공기밀도로서 균일하게 **1.25kg/m³**적용

V_H : 설계지역의 지표면으로부터 지붕면 평균높이 H에 대한 설계풍속(m/s)

V_z : 설계지역의 지표면으로부터 임의높이 z에 대한 설계풍속(m/s)

상기 계산식의 설계풍속은 다음과 같이 산정한다.

$$V_z = V_0 \cdot K_{zr} \cdot K_{zt} \cdot I_w \ (m/s)$$

주) V_0 : 기본풍속(m/s)

K_{zr} : 풍속고도분포계수

K_{zt} : 지형계수

I_w : 건축물의 중요도계수

■ 지표면조도 구분 ■

바람은 지표면에서의 높이가 높을수록 강해지고, 평지에서는 시가지일수록 주변의 건물 등의 영향으로 약해진다. 이를 4가지의 지표면조도 타입으로 구분한다. 또한 바람은 항상 변화하며 강약을 반복하고 있다.

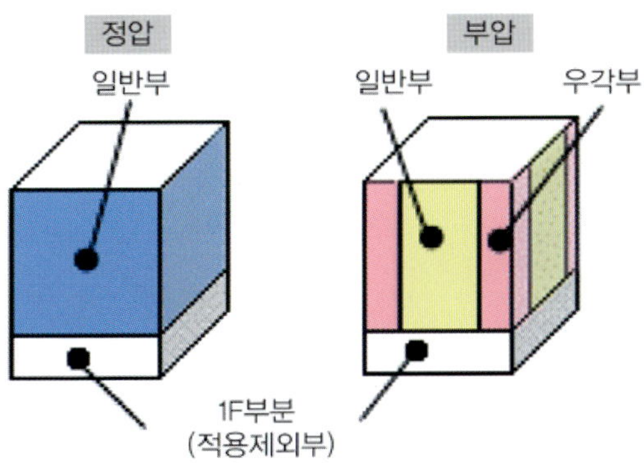

■ 그림 4-1 ■ 벽면에 가해지는 바람하중

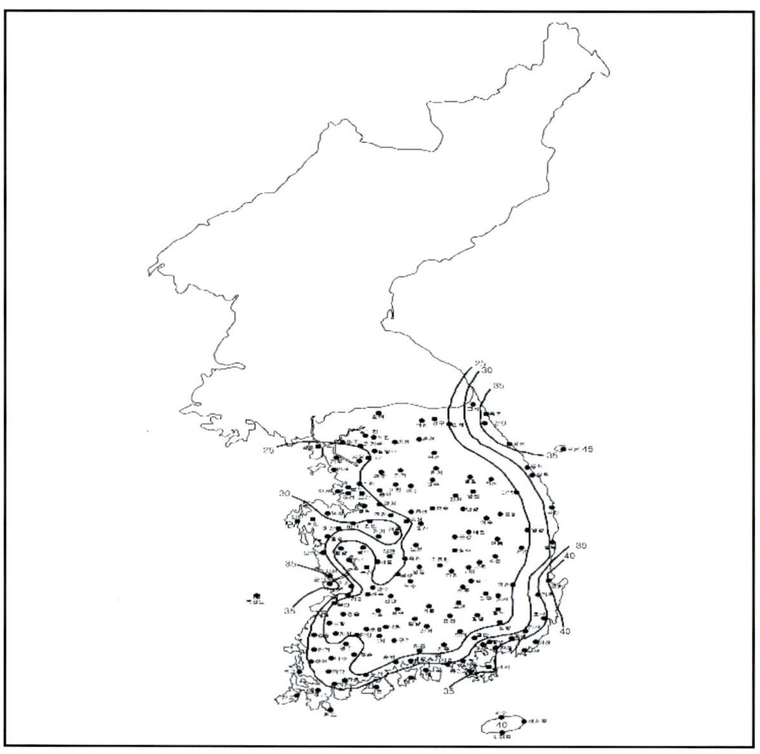

■그림 4-2■ 100년 재현기간에 대한 기본풍속 $V0$(m/s)

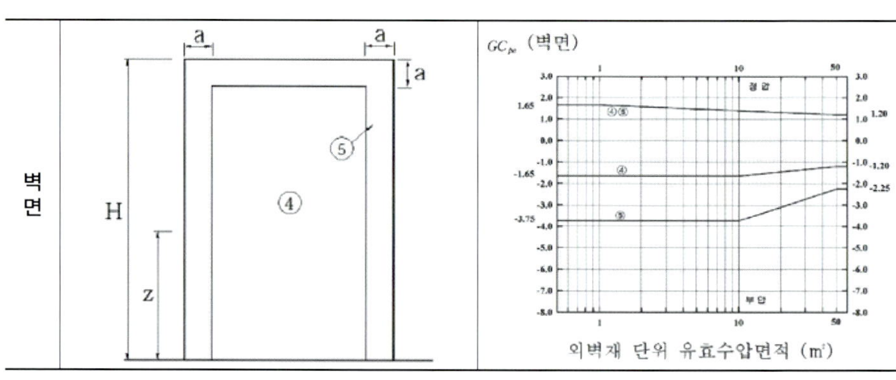

주) (1) 유효수압면적은 외장재 및 마감재의 압력을 주주골조에 전달하는 단위 2차 부재의 유효수압면적
  (2) 지붕경사각이 10°이상인 경우 〈표 0305.9.3(2)〉의 b), c)를 사용하되 지표면조도구분 C의 qH를 따른다.
  (3) 각 외장재 벽면은 최대정압 및 최대부압으로 설계한다.
  (4) a : 건축물 최소폭의 0.1배, 단 1.0m보다 작아서는 안 된다.
    H : 지붕면 평균높이, m
    z : 지표면으로부터의 임의높이, m

■표 4-2■ 지붕면의 평균높이 20m 이상인 건축물 벽면의 피크외압계수 GC_{pe}

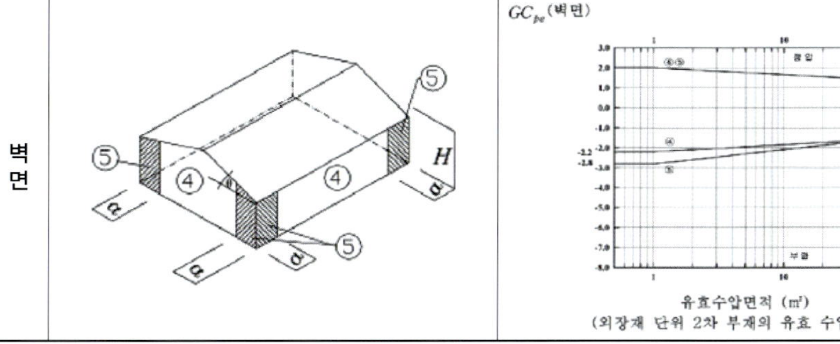

주) (1) 종축은 qH를 사용한 경우의 GC_{pe} 값이다.
   (2) 각 외장재는 최대정압 및 최대부압을 고려하여 정한다.
   (3) θ≤10°인 경우는 벽면의 GC_{pe}값을 10% 줄일 수 있다.
   (4) a : 건축물 최소폭의 0.1배 혹은 0.4H 중 작은 값으로 한다. 단, 최소폭의 0.04배 또는 1.0m보다 작아서는 안 된다.
      H : 지붕면 평균높이, m

■ 표 4–3 ■ 지붕면의 평균높이 20m 미만인 박공지붕형 건축물의 벽면의 피크외압계수 GC_{pe}

밀폐의 분류	GC_{pi}
밀폐형 건축물	0.00 또는 −0.52
부분개방형 건축물	+0.83 또는 −0.83
탁월한 개구부가 있는 건축물	+1.40 또는 −1.40
개방형 건축물	0

■ 표 4–4 ■ 외장재설계용 피크내압계수 GC_{pi}

지표면조도 구분	주변지역의 지표면 상태
A	대도시 중심부에서 10층 이상의 대규모 고층건축물이 밀집해 있는 지역
B	높이 3.5m 정도의 주택과 같은 건축물이 밀집해 있는 지역 중층건물이 산재해 있는 지역
C	높이 1.5~10m 정도의 장애물이 산재해 있는 지역 저층건축물이 산재해 있는 지역
D	장애물이 거의 없고, 주변 장애물의 평균높이가 1.5m 이하인 지역 해안, 초원, 비행장

■ 표 4–5 ■ 지표면조도 구분

지표면으로부터의 높이 z(m)	지표면조도 구분			
	A	B	C	D
$z \leq Z_b$	0.58	0.81	1.0	1.13
$Z_b < z \leq Z_g$	0.22_z^a	0.45_z^a	0.71_z^a	0.97_z^a

■ 표 4–6 ■ 평탄한 지역에 대한 풍속고도분포계수 K_{zr}

	D/B	C_{pe}	적용속도압
풍상벽	모든 값	0.8	qz
풍하벽	0~1	−0.5	qH
	2	−0.3	
	≥4	−0.2	
측벽	모든 값	−0.7	qH

■ 표 4-7 ■ 밀폐형 건축물 외벽면의 외압계수 C_{pe}

7. 식물과 바람

(1) 광합성

식물의 생육량은 그 대부분이 광합성 생산물(탄수화물)에 의존한다. 광합성에 관여하는 주요 요인은 빛, 수분, 탄산가스이며, 잎의 엽록체에서는 뿌리에서 빨아들인 수분을 공기 중에서 섭취한 탄산가스와 태양광 에너지를 이용해 탄수화물과 산소를 합성한다.

야부키 씨는 「바람과 광합성」(1990년)에서 논에서 송풍기를 돌렸을 때 풍속이 다르면 벼의 높이, 수확량이 다른 것을 증명해 적당한 풍속이 수확증가를 가져오는 것을 보고한 바 있다 (그림 4-3~5 참조). 참고로 벼를 수확하기까지 고정하는 탄산가스량은 논의 상공 8,000m에 함유된 탄산가스량에 상당한다. 다시말해 체내에 대량의 탄산가스를 고정하면서 다량의 산소를 배출하고 있는 것이다. 이때, 바람은 식물이 필요로 하는 탄산가스의 운반역할을 한다. 바람이 불면 잎표면에는 풍속이 약한 경계층이 만들어져 이 엽면 경계층이 탄산가스 확산속도(광합성속도)와 증산속도에 크게 관여하는 것이다. 야부키 씨는 식물육성풍동(이산화탄소농도, 기온, 온도, 빛의 강도, 배양액 온도, 용존산소농도를 조절가능)을 사용해 풍속이 광합성에 끼치는 영향을 다양한 각도에서 검토해, 풍속과 광합성 속도에 관한 실험결과를 얻었다.

(2) 바람과 제4의 광합성 인자

식물의 잎의 형태와 크기는 다양하다. 벼과 식물과 같이 얇고 긴 잎이나 국화과 식물처럼 부정형이며 우상인 잎, 또한 원형, 다원형의 잎이나 침상의 잎까지 여러가지가 있다. 크기도 한장에 수m 정도부터 수십cm를 넘는 잎까지 다양하다. 그 가운데에 어떤 형상, 어

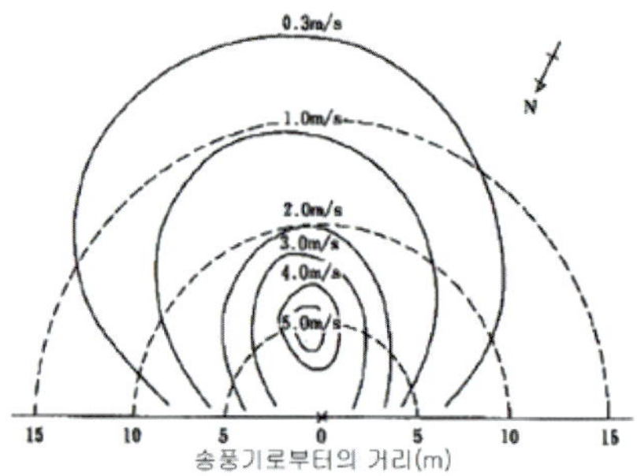

■ 그림 4-3 ■ 송풍기 운전시의 벼군락상의 분포

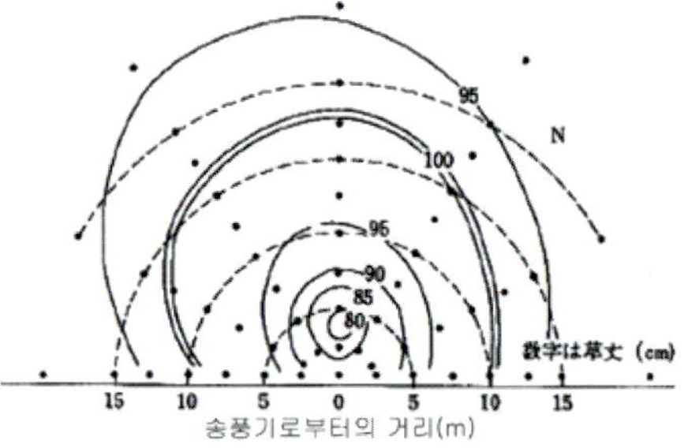

■ 그림 4-4 ■ 벼의 높이 분포

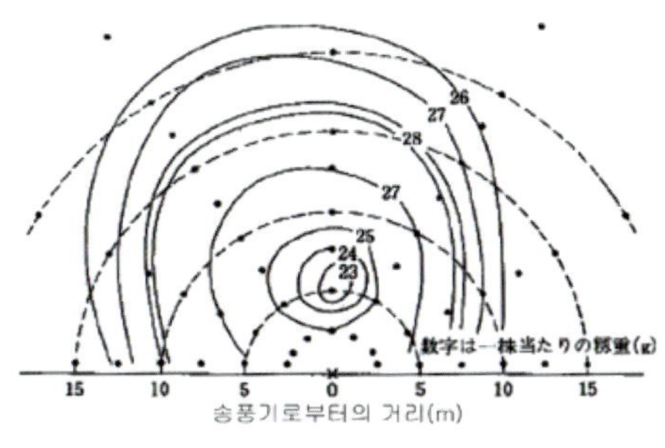

■그림 4-5■ 벼의 수확량 분포

떤 크기가 광합성에 가장 유리한지 관심이 집중되고 있다. 여과지를 사용한 증발량 실험에서 동일면적일 경우 얇고 긴 형상의 잎을 가진 식물이 증발량이 많다고 밝혀졌다. 이는 광합성 속도도 얇고 긴 잎이 큰 것을 나타낸다. 엽면적 밀도와 풍속과의 관계도 중요하다. 밀집해 있는 식물체에서는 광합성에 적절한 풍속인 0.6m/sec 전후의 바람을 보내도 엽면 경계층과 탄산가스 확산속도가 알맞지 않아, 광합성량도 증대하지 않는다. 또한 풍속이 강해질 경우는 엽면 경계층에서의 탄산가스 확산속도가 급속하게 떨어져 광합성량도 급격히 저하한다. 따라서 적절한 엽면적 밀도와 적절한 풍속이 높은 광합성 속도를 유도하게 되며, 바람이 식물의 생육에 끼치는 영향은 상당히 크다고 할 수 있다.

(3) 고사하게 되는 바람 환경과 그 대책

입면녹화를 시공하는 장소는 다양한 바람 환경을 가지고 있다. 예를 들어 해변에 위치한 고층 건축물의 하부벽면을 녹화할 경우, 적어도 아침, 저녁 매일 2회의 해풍과 육풍의 영향을 받게 된다. 고층건축물의 하부벽면에 내려불어오는 바람의 강한 풍속과 부압을 식물 혹은 식재기반에 가져다주게 된다. 그 강도에 대해서는 빌딩바람의 계산식을 참조하면 된다.

풍속이 빨라지면 증산량이 늘어나 수분 밸런스를 잃게 되어 식물의 기공이 닫힌다. 이에 따라 광합성에 이상이 생긴다. 일중에 호흡에 의해 소비량을 넘는 탄수화물을 생산하지 않으면, 식물체는 생육이 불가능해 진다. 태양광을 받기 어려운 건물의 벽면이나 건축물 사이의 벽면에서는 빌딩군 특유의 강한 바람과 그 지속시간과의 관계 때문에 식물은 쇠약해져 고사해 버리는 경우가 충분히 예상된다. 현 단계에서 건물외벽의 극부환경에 대한 미기상 해석(특히, 하루 평균풍속과 지속시간 등)은 간단히 할 수 있는 상황이 아니라 경험의 축척을 통한 대처가 요구된다. 한편 건축물 벽면에서도 공학적 기술을 이용해 건물 주위에 바람이 생기지 않도록 하는 연구가 필요하다. 건물 중심부에 풍동을 열어 빌딩바람을 경감시킬 수 있다. 이 수법의 성공사례는 NEC 본사빌딩에서 볼 수 있다.

남아있는 빌딩바람도 옥상 덮개나 1층의 돌출부에서 풍력을 약하게 할 수 있다. 또한 고층빌딩의 유지관리에서 필요한 발코니에 칸막이나 코너를 만들어 줌으로서 바람의 길을 막아버리는 방법도 생각할 수 있다. 8장의 Ⅱ에서 자세하게 가상건축물을 제안하고 있다. 풍동실험을 반복하면 건물외벽의 풍속을 계산해 낼 수 있다. 또한 건물외벽의 극부환경이 식물에 끼치는 영향의 해석 모델만들기와 식물실험이 필요하다. 안이한 시공검증은 시공자의 직업의 사활을 가르는 문제가 되기도 한다. 사전에 식물고사의 위험성 검토결과를 건축주에게 보고하는 것은, 시공자의 유지관리계획과 계약서 체결에 상당히 중요한 의미를 가진다고 생각한다. 특히 빛환경은 예상할 수 있으므로, 낮은 조도환경에서의 바람환경은 경험자와 함께 충분히 검토할 필요가 있다.

제5장

시공
유지 관리편

■ 시공

1. 입면녹화 보조자재 및 기반의 설치

(1) 입면녹화의 작업조건

입면녹화 보조자재 및 유니트형 등의 시공을 실시할 경우 고소작업차 혹은 가설 작업대가 필요하다. 고소작업차로 설치하는 경우에는 설치공간이나 작업가능 높이를 사전에 확인해 그 범위내에서 시공할 수 있도록 한다.

(2) 입면녹화 설치에 대해서

설치방법은 후시공앵커에 의한 고정이 많이 사용되고 있으며, 신축의 경우는 미리 외벽공사시 앵커를 설치할 수도 있다. 후시공앵커는 케미칼앵커, 보드앵커 등의 종류가 있어 벽면의 종류에 따라 검토해야 한다.

앵커의 검토에 대해서는 등반 · 하수형 입면녹화의 보조자재는 비교적 가벼운 것이 많고, 유니트형등의 경우는 기반체로 설치하여 무겁기 때문에 앵커 및 앵커와 기반의 설치 부재에 대한 충분한 강도검토가 필요하다. 특히 기존의 벽면에 시공하는 경우 강도가 문제가 되므로 현장에서 강도실험을 실시해 기존벽면 자체와 앵커의 강도를 확인할 필요가 있다.

2. 관수

입면녹화는 노지식재 이외의 공법에서는 반드시 자동관수시스템이 필요하다. 시공전은 물론 공사기간 중에도 상시 관수 가능하도록 사전에 확인한 후 공사에 착수하는 것이 좋다. 특히 유니트형 입면녹화의 경우는 구조상 우수에 의한 관수를 기대할 수 없기 때문에 자동관수시스템을 반드시 설치해야 한다.

(1) 관수 콘트롤러

관수 콘트롤러는 AC식, DC식, 건전지식, 연간 타이머식, 주간 타이머식, 타이머 전자판 일체식 등 다양한 타입이 있어 용도에 따라 분별해서 사용할 수 있다.

(2) 관수호스

자동관수시스템을 사용할 경우, 일반적으로는 점적관수 호스를 사용한다. 이 점적관수 호스는 일정수압(3.0~4.0MPa)에서 일정 유량을 배수하므로, 유량을 콘트롤하기 쉽다는 특징이 있다.

(3) 관수와 관련된 설비

- 타이머의 전원공급원은 AC, DC 혹은 건전지가 있으며, 각각 도입 비용이나 사용방법이 다르다. 건전지를 사용할 경우는 저가이기는 하지만 정기적으로 건전지를 교환(연

고소작업차

1회 정도)하지 않으면 안된다. 또한 AC, DC의 경우는 설비측과의 조정이 필요하다.

- 자동관수시스템의 급수는 1차 급수능력으로 필요수압 및 필요수량을 확보하지 못하면 입면녹화 전체를 관수할 수 없기 때문에 1차 급수능력을 충분히 확인할 필요가 있다.
- 입면녹화의 시비는 시공의 단계에서 액비혼입기를 설치해 두면 유지관리의 시비작업을 저감할 수 있다. 가능하면 액비혼입기를 표준사양으로 도입하는 것이 좋다.

(4) 공사기간 중 및 시공 후의 유의점

- 공사기간 중의 관수는 배수설비가 불충분한 경우가 많아, 그대로 관수를 실시하면 배수로 인해 공사현장을 더럽히거나 다른 작업을 방해하기 때문에 충분히 주의해야만 한다.
- 공사기간 중 가설장치에서 물을 공급받을 경우에는 관수시간(다른 작업의 방해가 되지 않고 다른 곳에서 물을 사용하지 않는 시간), 가설호스의 상황(노출되어 있으면 대부분 낮에 온도가 올라감) 등을 사전에 조사해야 한다.
- 자동관수 시스템의 설치 후에는 반드시 시험운전을 실시해 물이 나오는 것을 확인한다.

3. 식물과 토양

(1) 토양에 대해서

등반 · 하수형 입면녹화의 경우, 계획하고 있는 입면녹화의 높이, 면적에 맞는 양질의 토양 및 적절한 토량이 필요하다. 토량이 불충분할 경우 충분히 벽면을 녹화하지 못할 가능성이 있다.

(2) 유인, 결속

- 식재직후의 묘목은 줄기나 덩굴의 생장방향이 정해져 있지 않아 유인결속이 필요하다. 초기의 유인결속을 확실히 해두면 빠른 벽면의 피복을 기대할 수 있다.
- 유인, 결속에 사용하는 재료는 생장에 의해 줄기가 굵어지는 것을 방해하지 않는 재질을 사용하는 것이 바람직하다.

(3) 식재시기

식재시기는 생육상황에 큰 영향을 가져다준다. 그렇기 때문에 가능한 도입식물의 식재적기에 시공하는 것이 바람직하다. 하지만 부적기에 시공할 수 밖에 없는 경우는 시공후의 보호양생과 살수의 관리가 중요하다.

(4) 묘목

- 포트 묘목은 충분히 뿌리가 활착해 있고 루핑하지 않은 것을 선택하는 것이 좋다. 루핑한 묘목은 충분히 뿌리를 풀어준 후 식재해야 한다.
- 하우스 육성묘목을 이용할 경우에는 최적의 환경에서 생육했기 때문에 갑자기 환경압의 영향을 받는 벽면으로 이동하면 환경의 변화에 견디지 못해 쇠퇴할 위험성이 크므로 출하 전에 충분히 적응시키는 것이 필요하다. 특히 동절기의 경우 충분히 적응시키지 않은 묘목을 사용하면 환경압에 견디지 못해 금방 말라버리는 경우도 있다.

- 식재후에는 완효성 고형비료를 주어 충분한 관수를 실시한다.
- 잡초방지, 건조방지, 비산방지 대책으로 멀칭이나 방초시트 시공을 하면 좋다.
- 유니트형의 경우 미리 농장에서 기반에 묘목을 식재해 양생한 것을 시공하는 사례가 많다. 이런 경우에는 양생기간(3~6개월)이 필요하니 시공시기에 맞춘 사전조정이 필요하다. 또한 하우스에서 양생한 묘목은 출하전에 충분히 환경에 적응시킬 필요가 있다.

4. 시공 후 관리

입면녹화 시공 후부터 준공 후의 관리가 시작될 때까지 시간이 걸리는 경우가 있다. 그런 경우에는 다음과 같은 문제가 발생할 수 있으므로 사전에 발주자, 건축주 등과 충분히 조정해 둘 필요가 있으며, 문제가 발생했을 경우의 책임소재를 명확히 해 둘 필요가 있다.

- 가설시설에 의해 자동관수를 실시하고 있지만, 현장내에서의 물 사용량이 많아져 입면녹화에 충분한 수량을 확보하지 못하게 되어 말라버렸다.
- 크리닝 작업 등에서 약품을 사용해 그 약품의 영향으로 식물이 고사했다.
- 다른 업종의 작업의 영향으로 고사했다.
- 배수설비가 미비해 배수에 의해 마감면을 더럽혔다.

5. 공정

(1) 등반 · 하수형 입면녹화

① 계획
  a. 식재플랜 작성
  b. 보조자재설치 계획 작성
  c. 식재기반 검토(인공지반, 노지식재)

② 위치 설정
  a. 보조자재의 완성을 이미지해 앵커볼트의 설치위치 결정

③ 보조자재 설치
  a. 보조자재를 설치하면서 앵커로 고정
  b. 보조자재의 레벨등을 주의하며 실시

④ 식재기반의 정비
  a. 인공지반일 경우 충분한 토량을 확보
  b. 노지식재일 경우 토양조사를 실시해 필요할 경우 토양개량 실시

⑤ 식재
  a. 묘목확인 후 상태가 좋은 묘목 선별
  b. 멀칭 등을 설치
  c. 완효성 고형비료 시비

d. 식재 후 충분한 관수 실시

⑥ 유인, 결속

   a. 유인, 결속시는 줄기의 생장에 장애가 되지 않도록 여유를 주어 결속

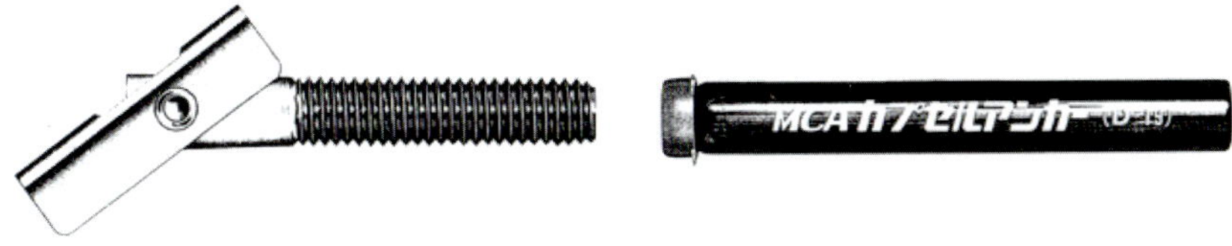

보드 앵커   접착형 캡슐앵커

심봉 몰입식 앵커

(2) 유니트형 입면녹화

① 계획

   a. 식재플랜 작성

   b. 식재 양생계획 작성

   c. 기반 설치계획 작성

   d. 기반과 앵커와의 설치방법 검토(기반의 타입에 따라 설치 방법이 달라 매번 검토 필요)

② 위치 설정

   a. 지지금구 설치를 고려하며 앵커볼트의 설치위치 결정

③ 앵커볼트 설치

④ 지지금구 설치

   a. 지지금구의 레벨 등에 주의하며 실시

⑤ 관수용 메인파이프 설치

   a. 기반에 설치할 메인파이프를 설치

⑥ 기반 설치

   a. 기반에 관수호스를 연결하면서 설치

   b. 떨어짐 방지 금구로 고정

■ 시공순서(등반 · 하수형 보조자재 유) ■

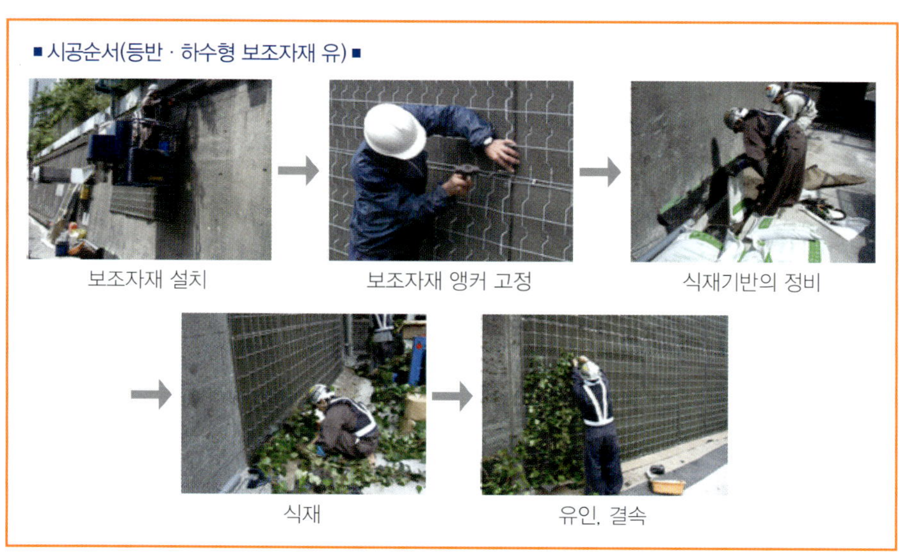

보조자재 설치

보조자재 앵커 고정

식재기반의 정비

식재

유인, 결속

■ 시공순서(유니트형) ■

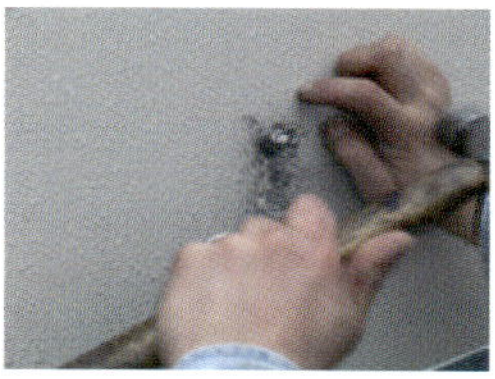
앵커 볼트 설치

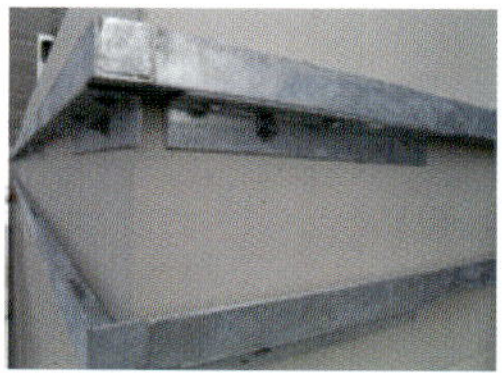
지지금구 설치상황①

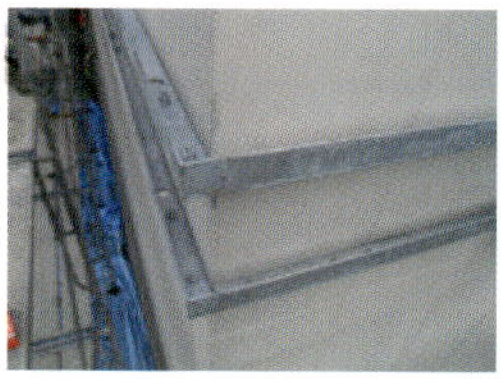
지지금구 설치상황②

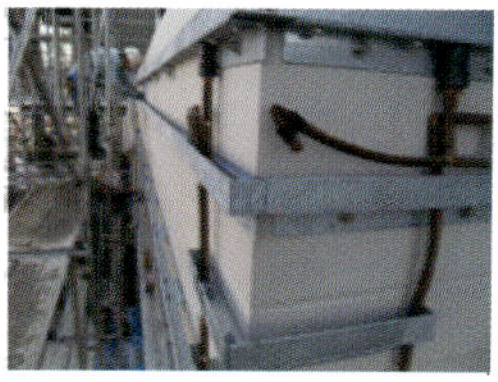
관수호스 설치

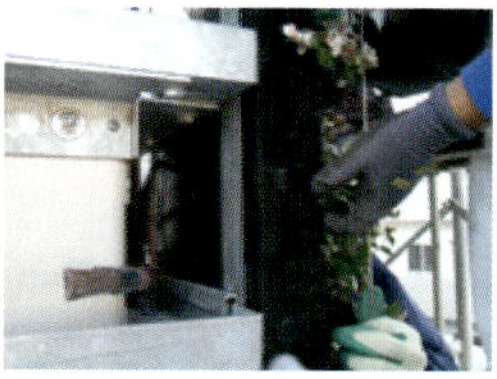
녹화기반 설치

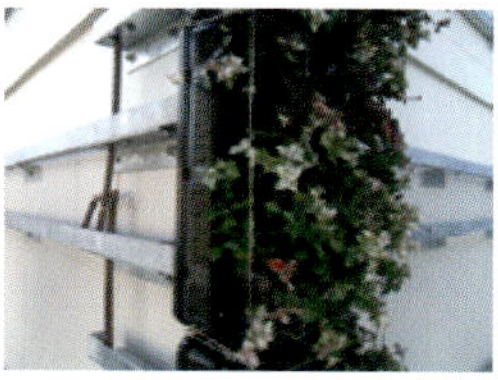
녹화기반 설치상황

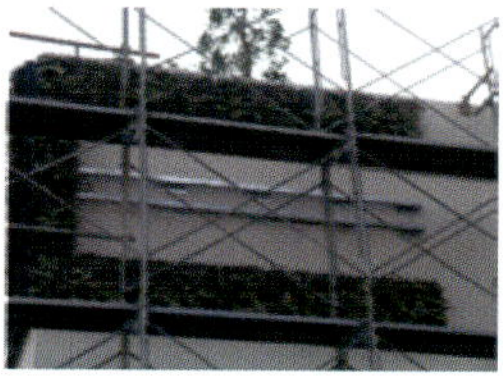
입면녹화 설치완료

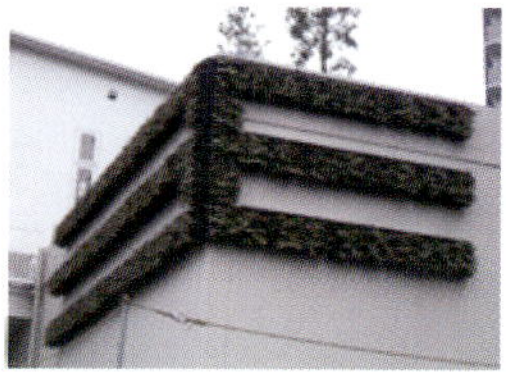
입면녹화 설치완료

1. 유지관리의 중요성

입면녹화는 거리경관의 일부를 구 성하고 있는 중요한 요소 중의 하나로 아름다움을 유지해야 한다. 입면녹화의 경우 덩굴식물이 제멋대로 풍성하게만 자라나면 아름다운 것으로 오해하기 쉽지만 아름답게 유지되고 있는 입면녹화는 적절한 유지관리 계획 속에서 인공적으로 운영되고 있는 경우가 많다. 반면, 방치되어 거리의 경관을 망치고 있는 입면녹화도 있어 문제가 되기도 한다.

2. 유지관리시 유의사항

(1) 유지관리 계획

입면녹화의 설치장소, 공법의 특징, 도입 식물, 건물의 이용형태 등을 구체적으로 상정한 유지관리계획을 작성해 둘 필요가 있다. 또한 연간 스케줄, 작업계획, 사양, 금액 등을 고려한 유지관리계약을 맺어 두는 것이 좋다.

(2) 관리계획 작성시의 유의점

- 출입방법과 작업시간 – 유지관리작업을 할 수 있는 시간대에 제한이 있는 경우는 출입에 특별한 수속이 없는지 확인해 두어야 한다.
- 작업대, 고소작업차의 사용 – 고소작업차나 작업대, 곤돌라 등을 필요로 하는 장소가 있을 경우 실시하는 작업내용을 확정해 미리 관계자(경찰, 도로관계자 등)와 협의하여 계획을 세워야 한다.
- 법령관계 – 도로사용 허가가 필요한 경우는 안전요원을 배치해야 할 수도 있으므로, 미리 각 방면에 확인해 필요한 수속을 실시한다.
- 약제살포 – 살충소독에 사용하는 약제는 사람이나 동물에게 피해를 줄 수도 있으므로 사용할 때는 행정지도에 근거한 실시가 필요하다.
- 관수설비의 확인 – 자동관수 시스템의 유무, 콘트롤러 형식, 점적관수 호스의 성능, 액비혼입기구의 유무, 게이트 밸브의 위치, 콘트롤러 수납장소 등을 사전에 파악해 계획에 반영시킨다.

식물이 고사해, 등반 보조자재만 남아 있는 상태

식재유지관리를 하지않아 불량한 경관유지

(3) 긴급 연락처와 긴급 대처방법의 통지

예를 들어 급수계통의 문제로 물이 계속 나오는 등 긴급 대처가 필요한 상황을 미리 선정해 초기대처방법을 통지해 둔다. 또한 긴급연락처로 연락받을 수 있도록 조치해 둔다.

(4) 작업기록의 작성과 보관

유지관리작업의 기록을 남겨 작업보고를 실시할 필요가 있다. 기록은 문서로서 의뢰자에게 전달하고 같은 내용을 보관해 이후의 참고자료로 사용해야 한다.

(5) 유지관리계획의 재검토

유지관리계획은 사전에 작성하기 때문에 예상하지 못했던 환경조건이 판명되는 경우가 많다. 유지작업관리를 실시하면서 계획을 수정해서 최적의 유지관리를 실시해야 한다.

전정. 유인작업   약제살포

3. 유지관리 작업내용

(1) 말라버린 식물의 교환

입면녹화의 시스템은 식물을 적극적으로 교환함으로서 경관(디자인)을 변경해 나갈 수 있는 시스템, 안정된 디자인으로 구성 가능한 시스템, 어느 정도 식물의 성장에 맡겨진 시스템 등 다양한 타입이 있다. 하지만 어떤 타입이더라도 식물이 말라버린 경우는 식물을 보충해 보기 좋은 상태를 유지할 필요가 있다. 유지관리 계약에는 고사비율을 상정해 비용에 더해두는 등 경관을 일정수준 이상으로 유지할 수 있게 해야 한다.

(2) 마른 식물의 철거

실제로 경험해 보는 것을 추천하지만, 마른 잎을 제거하고 있을 경우와 그렇지 않을 경우는 경관상으로도 심리상으로도 보는 사람에게 전혀 다른 인상을 주게 되므로 세심한 배려가 필요하다.

(3) 유인, 전정

덩굴식물을 사용한 입면녹화에서 시행하지만 그 식물이 어떤 형태로 자라나는지를 이해한 상태에서 유인이나 전정을 실시하는 것이 이상적이다. 또한 식물이 벽면을 완전히 덮지 않은 상태에서는 전정을 함으로서 분지를 늘려 적은 수로도 전면을 아름답게 피복 할 수 있다. 또는 계획한 디자인으로 연출할 수 있도록 트리밍과 동시에 유인을 실시한다. 벽면을 완전히 덮은 상태에서는 어떤 덩굴을 남기고 전정할 것인지를 주의깊게 관찰하여 디자인 이미지를 유지할 수 있도록 한다.

(4) 병충해 예방

병충해를 발견했을 경우와 정기적인 대처를 겸해가면서 실시한다. 정기적인 대처로는 미리 병충해가 발생하기 쉬운 시기에 예방수단으로서 약제살포를 실시하는 경우도 있다. 병해충의 발생은 정기점검시에 발견하는 경우가 많으며 발견했을 때에는 빨리 대처하도록 한다.

(5) 시비

시비의 방법은 점적관수와 동시에 액비를 혼입하는 방식, 식재기반에 고형비료를 주는 방식, 엽면살포를 실시하는 방식 등 여러가지가 있다. 선택한 입면녹화 공법에 따라 또는 설치장소에 따라 시비의 방법이 한정되는 경우도 있으니 계획시에 상정한 방법에 맞춰 확실히 실시해야 하며, 식재관리와 같이계절에 따라 시비방법을 바꾸어주어야 한다.

(6) 정기점검

정기점검은 입면녹화의 피해를 사전에 방지하는 의미에서 매우 중요하다. 일반적인 식재관리에서는 어느 정도 대처가 늦어져도 문제되지 않는 경우가 있지만, 입면녹화에서는 문제의 해결이 늦어지면 개선 비용이 높아지기 때문에 조기발견, 조기대처에 힘써야 한다. 정기점검 중에 해충을 발견했을 경우에는 즉시 처리하고, 그 후부터는 조기에 약제살포를 실시한다. 병해발견의 경우에도 같은 방법으로 초기대처와 그 후의 본격적인 대처를 모두 실시해야 한다. 정기점검시에는 건축사용자의 의견을 참고해 협력해서 경관을 유지해 나가는 체제를 만들어 두는 것이 이상적이다.

(7) 관수장치의 점검

입면녹화에서는 우수에 의한 관수를 기대해 관수계획을 세워서는 안된다. 관수시스템의 문제는 직접적인 고사의 요인이 된다. 입면녹화의 식물이 말라버리는 원인의 대부분은 관수문제이다. 기본적으로는 사전에 세워둔 관수계획에 맞추어 운용해 나가고, 실제로 운용하면서 당초의 관수스케줄이나 시간을 변경해 나가도록 한다.

유지관리용 동선을 마련한 요코하마 베이워터

예정작업내용	연간 횟수	1월	2월	3월	4월	5월	6월	7월	8월	9월	10월	11월	12월
정기점검		●	●	●	●	●	●	●	●	●	●	●	●
시비		●		●	●	●		●		●	●	●	
전정				████						████			
살균, 살충처리				●		●							●
관수빈도		아침			아침, 저녁			아침, 저녁			아침		
		10분간			각 10분간			각 10분간			10분간		
		3일1회			1일 1회			매일			3일 1회		

예정작업내용	연간 횟수	1월	2월	3월	4월	5월	6월	7월	8월	9월	10월	11월	12월
정기점검					●			●			●		●
시비													●
전정								▲					
살균, 살충처리					▲			▲			▲		▲
관수빈도 (인공지반의 경우)		아침											
		입면녹화면적 1㎡당 북면, 동면 : 1ℓ／회, 남면 ,서면 : 2ℓ／회											
		3일 1회			1일 1회			매일			1일 1회		3일 1회

▲: 필요한 경우에만

제6장

입면녹화 공법의 사례

공법 : 한면 연출 플랜트형

니콜라스 · G · 하이에크 센터

개폐가능한 유리 셔터로 분리된 대규모 아트리움의 입면녹화

외부와 연결된 실내 대규모 입면녹화

니콜라스 · G · 하이에크 센터

개폐가능한 유리 셔터로 분리된 대규모 아트리움의 입면녹화

외부와 연결된 실내 대규모 입면녹화

8F 아트리움의 입면녹화

지상 14 층의 건물내에, 5~7 층, 8~10 층, 11~13 층 부분에 3 곳의 아트리움이 있고, 1~4 층 부분은 점포의 영업시간중은 긴자중앙도로에서 히가시 도로로 지나갈 수 있는 어베뉴로 되어 있다. 각 아트리움과 어베뉴의 거의 전면에 입면녹화가 배치되 있다. 중앙도로 쪽 전면과 어베뉴 부분의 히가시도로 쪽에 유리 셧터가 설치되어 있다. 아베뉴에는 지하 1 층에서 지상 4 층의 각 점포로 직접 연결되는 쇼룸 엘리베이터가 설치되어 있다.

엘리베이터 장착의 고소작업대를 이용한 관리

1F~4F 애비뉴 내의 쇼룸 엘리베이터와 입면녹화

1F~4F 애비뉴의 입면녹화

▶DATA◀
명칭 – 니콜라스·G·하이에크 센터
용도 – 스워치 그룹 JAPAN 본사 빌딩
준공 – 2007년 5월

▶입면녹화의 개요◀
구조 – 내벽의 기둥과 기둥 사이에 층층이 단을 설치한 후, 그 위에 플랜트를 설치한 다단형 구조, 플랜트
는 SUS플랜트와 FRP플랜트의 2종을 사용
면적 – 약 500㎡
관수 – 년간 타이머에 의한 자동관수
식물 – 1~4층 : Schefflera, Chlorophytum comosum, Nephrolepis cordifolia, Hedera, Rohdea
japonica 등
5층 이상 : 상기 식물과 Philodendron bipinnatifidum, Asplenium nidus 'Avis', Murraya
paniculata 등

POINT
• 유리 셔터의 개폐에 의해 외부와 연결된 건물내 대규모 입면녹화
• 1년간의 mock–up test 에 의한 식물의 선정과 시스템의 점검을 실시
• 건축 · 인테리어 · 조경의 일본내 최초의 융합디자인

신 마루노우치 빌딩
자전거 주차장을 미화

EPS 플랜트 설치

관수 튜브 설치

초설마삭(Trachelospermum asiaticum)

산호수(Ardisia pusilla)

▶DATA◀
명칭 – 신 마루노우치 빌딩
면적 – 외벽 약 20㎡
유지관리 – 유지관리는 월 1회의 점검시에 적절히 필요한 관리를 실시
관수 – 콘트롤러를 사용한 자동관수
적용식물 – Hedera helix 'Goldchild' / Trachelospermum asiaticum / Ardisia pusilla
준공 – 2007년 3월

▶입면녹화용 플랜트◀
• 특징
① EPS(발포 스티롤)을 형성해 특수수지 코팅처리한, 강도, 내구성, 난연성을 가진 입면녹화 플랜트
② 소재 자체에 단열성이 있어, 뿌리부의 온열환경이 안정되기 때문에 식물의 육성이 양호
③ 관수는 상부부터 실시. 각 플랜트의 하부의 구멍을 통해서 이동하므로, 관수로 인한 녹화표면이나 건축물외벽을 더럽히지 않음
④ 플랜트의 색, 형태는 디자인에 맞추어 자유자재로 가공할 수 있다.
⑤ 플랜트를 사용한 카세트식으로 되어있어 식물의 교환이 용이하다. 꽃이 피는 식물로 사계절을 연출할 수 있음

POINT

도시의 열섬현상에 따라, 옥상, 입면녹화의 필요성이 급증하고 있다. 수년전까지는 입면녹화식물의 종류는 담쟁이가 압도적으로 많아, 전체의 70% 이상을 차지해, 초본식물이나 목본식물의 사례는 거의 찾아볼 수 없었다. 하지만, 입면녹화에서 무엇보다도 고려되어야 할 항목은, 수경, 경관형성, 경관향상 등이므로, 시설외관이나 디자인성이 중요하다고 할 수 있다. 최근에는 식물의 다양성과 의장성을 만족시키면서, 식물의 건강한 생육이 가능한 입면녹화 시스템의 실용화가 두드러졌다. 여기에서 소개한 입면녹화기술도 그러한 목적으로 개발되었다.

공법 : 발코니 선반형

니반쵸 가든

건물을 "녹색 언덕"으로

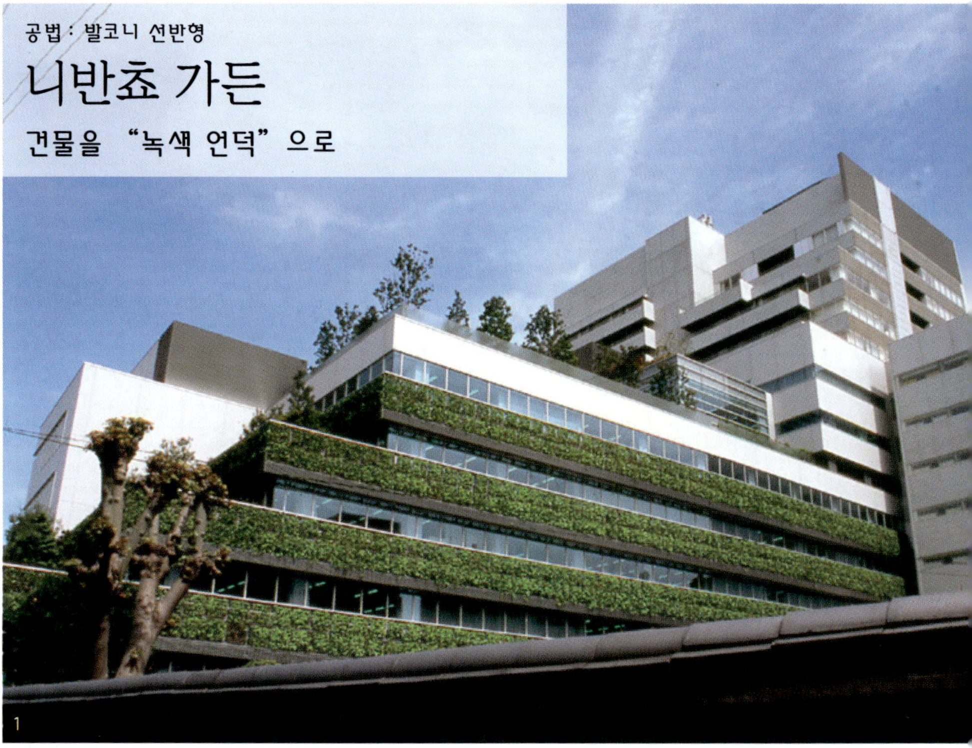

1

2

3

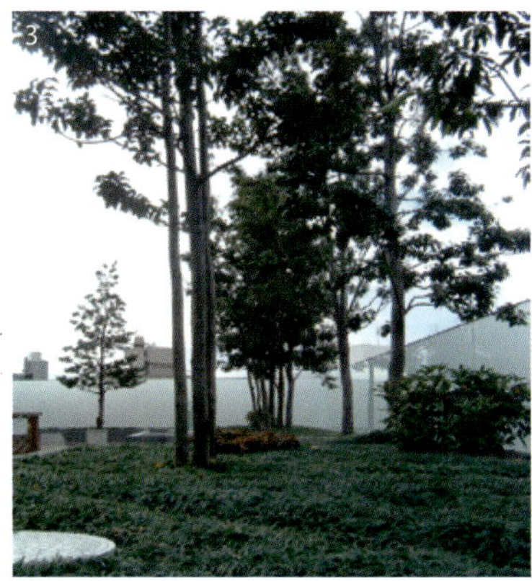

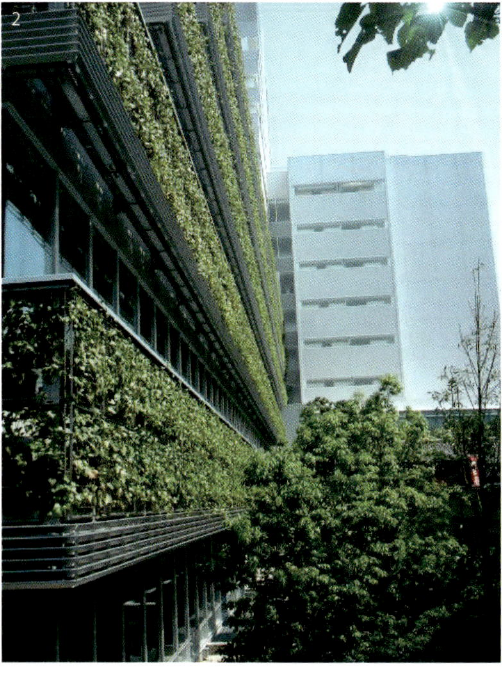

사진1 : 니반쵸 가든을 근처의 사원에서 바라본 경관. 지상 약 25m까지의 6층 높이에 2m의 녹화벨트를 설치했다.

사진2 : 외부구조와의 위치관계. 고소작업차등의 진입이 불가능

사진3 : 옥상에도 고목을 중심으로 1400㎡ 이상의 녹지를 확보하고 있다.

안쪽에서 팔꿈치를 내어 식물을 만질 수 있는 유니트메쉬

▶특징◀

뒷면에서 유지관리가 가능한 대형 판넬 공법으로서 관리용 통로를 설치할 수 있어 높은 곳에서의 유지관리 작업이 용이하다.

묘목에서부터 생육시키는 양생기간을 확보함으로서 현장설치 시 풍부한 녹피면을 확보할 수 있다.

빛과 바람이 통과해 건물내부에서의 경관을 차단하지 않는다. 도입사례가 많은 입면녹화 공법이다.

▶관리통로의 확보◀

유지관리작업을 원활하게 시행하기 위한 관리통로 [폭 약 60cm 이상 확보]

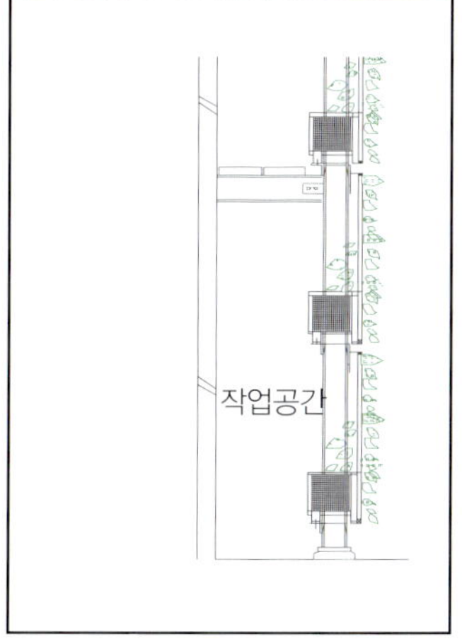

전년의 상황을 참고해서, 다음 해의 스케줄을 재검토한다.

	4월	5월	6월	7월	8월	9월	10월	11월	12월	1월	2월	3월	목적
점검 · 고엽제거	●		●		●		●		●				경관유지와 문제점 조기발견
전정 · 유인작업		●					●						경관유지와 성장억제에 의한 활력향상
시비	●						●						식물성장의 촉진
병충해대책	●		●			●							국부적인 피해의 예방
자동관수설비 설정관리		●				●			●			●	식물의 건강한 생육과 절수관리

▶DATA◀

명칭 – 니반쵸 가든

용도 – 사무실, 점포, 공동주택

준공 – 2004년 4월

▶개요◀

• 특징

녹화방식 – 발코니 선단형(일반명칭 : 일체 유니트식 입면녹화공법)

입면녹화면적 – 약 675㎡

녹화면의 방위 – 북면, 서면

관수 – 타이머에 의한 점적식 자동관수

식물 – Hedera canariensis

중량 – 약 70kg/㎡

관리 – 연간 약 6~7 회

POINT

원래 부지에는 높이 30m 를 넘는 양버들을 비롯한 많은 수목이 있어 , 서쪽에 인접하는 400 년의 역사를 가진 심법사 (心法寺) 의 녹지와 연결되는 도심의 그린 스폿의 역할을 해왔다 . 계획 단계에서부터 이 점을 고려해 건축물에 「녹색언덕」 의 이미지를 부여했다 .
많은 녹화기술과 그 유지력에 의해 , 새로운 도시의 그린의 바람직한 모습을 제안한 건물이다 .

나고야시 치쿠사 문화소극장

「환경도시」를 어필하는 녹색극장

준공 4년 후의 경관(제3회 옥상 · 벽면 · 특수녹화기술 콩쿨에서 『국토교통대신상』을 수상)

준공 당시

준공 당시는 녹색으로 착색한 등반매트에 의해 수경

준공 2년 후

준공 2년 후의 전체경관

Hedera canariensis

Campsis grandiflora

Passiflora caerulea

식물명	관상시기											
	1월	2월	3월	4월	5월	6월	7월	8월	9월	10월	11월	12월
Hedera helix	잎	잎	잎	잎	잎	잎	잎	잎	잎	잎	잎	잎
Hedera canariensis	잎	잎	잎	잎	잎	잎	잎	잎	잎	잎	잎	잎
Hedera canariensis 'Variegata'	잎	잎	잎	잎	잎	잎	잎	잎	잎	잎	잎	잎
Ficus pumila	잎	잎	잎	잎	잎	잎	잎	잎	잎	잎	잎	잎
Parthenocissus tricuspidata				잎	잎	잎	잎	잎	잎	단풍	단풍	
Campsis grandiflora				잎	꽃	꽃	꽃	꽃	꽃	단풍	단풍	
Passiflora caerulea				잎	잎	꽃	꽃	꽃	꽃	잎	잎	
Bignonia capreolata	잎	잎	잎	꽃	꽃	잎	잎	잎	잎	잎	잎	잎

Hedera류의 부착근

▶DATA◀
명칭 – 나고야시 치쿠사 문화소극장
면적 – 약 630㎡
관리 – 고소작업차에 의한 전정 · 유인 · 시비 · 보조자재의 점검(연 1회)
　　　 관수 타이머의 조절(연 4회)
준공 – 2002년 7월

▶개요◀

지상부, 차양, 옥상부의 3개소에 설치한 식재기반에서 덩굴식물을 성장시켜, 높이 13m의 건물 전체를 녹화했다. 복수의 수종을 혼식함으로서 계절감을 연출했다.

녹화공법 – 덩굴식물 등반형 입면녹화

특징 – 등반 매트와 입체철망을 일체화한 「덩굴 파워 판넬」에 의해, 상록의 부착형 덩굴식물 (헤데라류)이 빠른 시기에 확실히 등반한다.

식재기반 – 벽면 아래의 자연지반(지면)혹은 플랜트 등의 인공지반

중량 – 최대 약 10kg/㎡(식물피복 후)

관수 – 자동 점적관수

토양 – 덩굴식물전용 배토 「덩굴파워소일」 (유기질계 경량토양)

덩굴식물 – Hedera류, Campsis grandiflora, Passiflora caerulea, Bignonia capreolata 등

POINT
- 등반매트와 입체철망의 조합으로 부착형 덩굴식물의 조기등반이 가능하다.
- 부착형 덩굴식물(헤데라류)을 기본으로 하여 상록이며 저관리의 입면녹화를 창출했다.
- 충분한 식재기반을 확보함으로서 지속적인 육성이 가능하다.

스기나미 제 7 초등학교

녹색이 넘치는 교육시설

교실내의 실온상승을 억제하기 위한 방법으로 외부 공기를 건물내부와 순환시키는 방법과 병행해서 입면 녹화가 적용되었다. 또한 입면녹화는 건축물의 보호효과는 물론 어린이들의 정서교육면에서의 효과도 기대된다.

카세트 타입의 입면녹화 시스템에 메쉬를 접속함으로써 보다 높은 녹피효과를 가져와 카세트 수 삭감에 의한 비용절감을 기대할 수 있다.

사용식물은 크리핑 타임(아래 : 2단 6포트)와 마삭줄(위 : 1단 3포트)의 혼식. 타임은 핑크색의 꽃을 피우고 향기도 즐길수 있다.

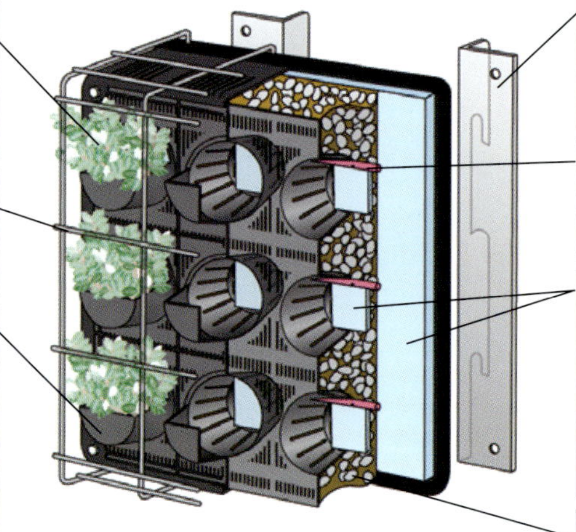

▶DATA◀

명칭 – 스기나미구립 스기나미 제7 초등학교
준공 – 2006년 8월

▶입면녹화의 개요◀

녹화방식 – 카세트식 다기능 녹화 시스템(입면녹화 타입)
기반재질 – 재생 폴리프로필렌 주피(내후성/耐候性)
사이즈 – 395×470×87mm
중량 – 평상시 11kg, 습윤시(濕潤時) 14kg(금속재료 포함)
관수시스템 – NCK관수시스템(년중 타이머에 의한 자동 관수설비＋액비 혼입기)
내장토양 – 천연 펄라이트(나츄라이트)와 이분해성 유기토양(플랙코코)브랜드 한 특성배토
대응식물 – 화초류를 포함한 지피식물 전반

POINT

- 너무 얇지않은 기반 (약 9cm) 에 의해 식물이 양호한 상태를 유지
- 카세트 내장의 점적 호수에 의한 식물 묘목에 직접 관수
- 메쉬를 장착해 대규모 면적에도 낮은 비용가능

공법 : 발코니 선반형

시나가와(品川) 산케이빌딩

오피스 빌딩을 녹색으로 연출

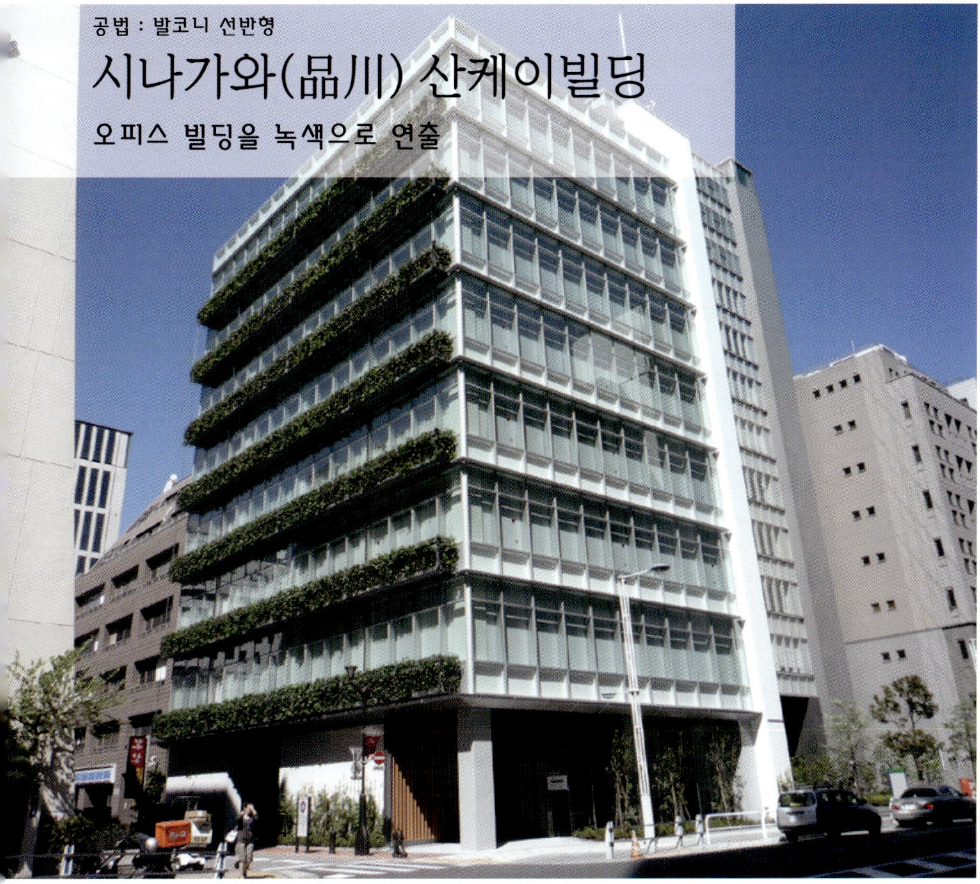

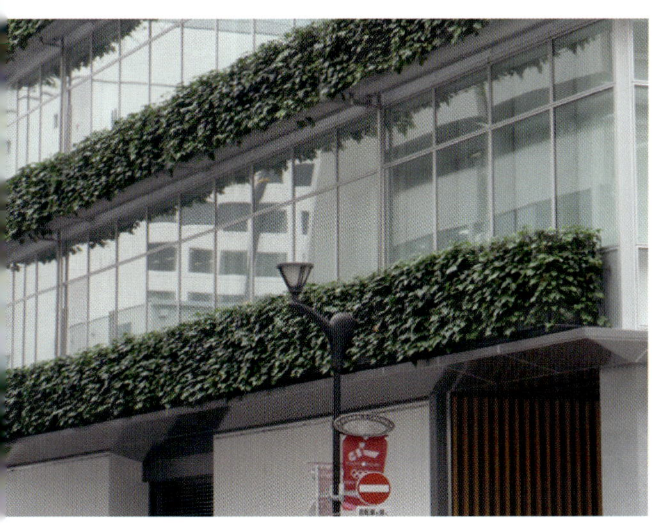

2층에서 8층까지 각층에 녹피완성형의 콘테이너식 입면녹화 시스템 · SR-콘테이너를 설치

SR-콘테이너는 플랜트
부분과 양생 메시 부분
을 접착해 일체구조로
되어 있기 때문에 건물
에 설치하기 전에 식물
을 육성할 수 있다.

빌딩 전경에 스트라이프 구조의 식재를 계획함으로
써, 세련된 높은 디자인성과 안정되고 편안한 이미
지를 연출하고 있다.

입구 부근에는 높이 자라는 덩굴식물(캐롤라이나자
스민, 마삭줄 등)을 사용한 등반형 입면녹화를 배치
했다.

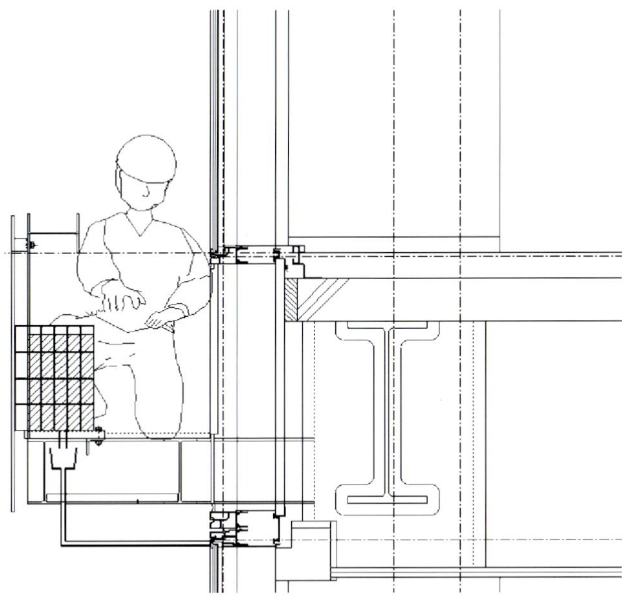

▶DATA◀
명칭 − 시나가와(品川) 산케이 빌딩
면적 − 2층∼8층부분(발코니 선반형)
　　　　1층(등반형 보조자재 유)
　　　　총 247.99㎡
수종 − 발코니 선반형: 헤데라 카나리엔시스,
　　　　헤데라 핏츠버그／등반형: 헤데라 카나
　　　　리 엔시스, 캐롤라이나자스민, 마삭줄
유지관리 − 연 10회(정기정검 포함, 전정, 유인,
　　　　　　살충소독, 관수설정변경 및 점검)
발주 − OMCF개발
소재지 − 東京都品川区港南2-8-14
준공 − 2009년 4월

POINT

• 건물의 완성에 맞추어 식물이 돋보이는 상태가 되도록 식물의 준비와 시공계획을 추진했다 .
• 설계면에서도 유지관리 통로가 의장성을 잃지 않게 충분히 배려하고, 급배수 설비의 루트도 충분히 검토를 거치도록 했다 .

마루노우치 파크빌딩 브릭 스퀘어

빌딩숲 속의 정원

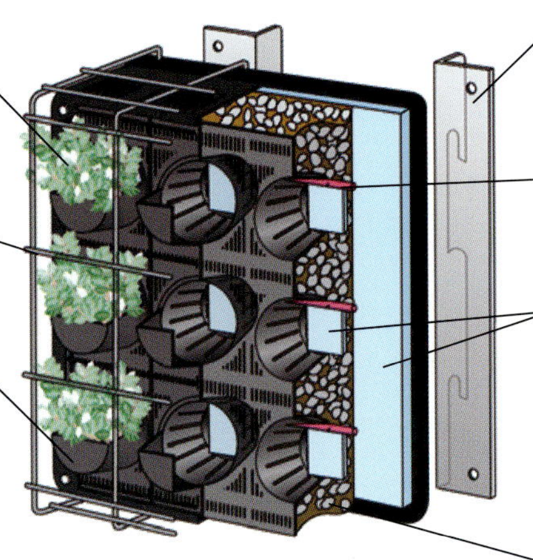

POINT

- 벽면녹화 기둥의 방위나 설치위치를 충분히 고려해서 배치
- 적용 대상자와 유사한 환경조건을 인위적으로 가설한 실험표지에서의 목업테스트 결과에 따른 식물선정

애성원 (愛成苑)

주변의 자연과의 조화

▶DATA◀

명칭 – 특별양호노인홈(特別養護老人ホーム) 애성원(愛成苑)

용도 – 노인홈 (요양시설)

준공 – 2009년 8월

면적 – 166개의 기둥이 발코니 선단에 부착되어 있다.(상세 파악불가)

관수 – 자동관수 시스템, 자동액비 혼입시스템

식물 – 총29종 (기보우시, 일본붓꽃, 박태기나무, 풍년화, 천리향, 홍지네고사리, 피라칸사스, 털머위, 팔손이, 식나무, 바위취, 자금우, 맥문동, 수호초, 죽절초, 설유화, 당개나리, 삼지닥나무, 개모밀, 홍가시나무, 남천, 클레마티스, 푸미라, 송악 등

관리 – 연 10회(정기점검을 포함, 전정, 유인, 살충, 소독, 관수설정 변경 및 점검)

▶벽면녹화의 개요◀

불규칙적인 기둥을 기반으로 한 벽면녹화

POINT

• 한가한 주택지, 기존녹지(농지, 녹지, 수목 등), 시민의 숲으로 둘러싸인 장소에 위치해 있어, 풍부한 녹지량과 장소의 특성을 계획에 도입해서, 자연과 조화할 수 있는 공간을 연출한 환경친화적 건물을 실현

CENTRAL 白楽 (하쿠라쿠)

오랜 거리와 경관을 연결하는 그린

▶DATA◀

명칭 – CENTRAL白楽(하쿠라쿠)

용도 – 점포, 맨션

준공 – 2009년 10월

면적 – 약 30㎡

관수 – 타이머에 의한 자동관수

식물 – 헤데라, 무늬맥문동, 초설마삭, 트리안

관리 – 연간 약 6회

▶개요◀

녹화방식 – 가변식 기반, 일체형 입면녹화 시스템

하중조건 – 70kg／㎡

구조 – 식물과 토양이 셋트된 소형플랜터「픽셀포트」
와 픽셀포트를 수납하기 위한 격자형의 전용
프레임

POINT

- 코너의 곡선에 맞춘 부드러운 디자인
- 맨션에 슈퍼마켓이 병설되어 있어 상업시설과 주택입구를 장식하고 있다.
- 오래된 상점가를 지난 장소에 위치해 있어 그린이 양쪽경관을 융합시켜주는 역할을 하고 있다.

마쯔다히라타(松田平田)설계 회의실

실내에서 즐기는 아티스틱한 그린

명칭 – 마쯔다히라타(松田平田)설계 회의실
용도 – 오피스
준공 – 2008년 6월
면적 – 약 8㎡
관수 – 타이머에 의한 자동관수
식물 – 헤데라, 비비추, 트리안, 일본조팝나무,
　　　 사초, Heuchera, 아메리카암남천 등
관리 – 연간 약 6회

▶개요◀

녹화방식 – 가변식 기반, 일체형 입면녹화 시스템
하중조건 – 70kg／㎡
구조 – 식물과 토양이 셋트된 소형플랜터 「픽셀
　　　 포트」와 픽셀포트를 수납하기 위한 격자
　　　 형의 전용 프레임

POINT

- 창으로 보며 즐길 수 있는 입면녹화의 실현
- 계절의 변화를 즐길 수 있도록 상록뿐만 아니라 낙엽종도 배치했다.
- 그림처럼 펼쳐지는 녹지가 회의실 이용자에게 편안함을 가져다 준다.

킨키대학

환영의 새로운 스타일 「인상적인 그린으로 맞이한다」

환영의 새로운 스타일 「인상적인 그린으로 맞이한다」

▶DATA◀

명칭 – 킨키(近畿)대학
용도 – 대학내의 입체주차장
준공 – 2008년 6월
면적 – 약 90㎡
관수 – 타이머에 의한 자동관수
식물 – 소엽맥문동, 맥문동, 무늬맥문동, 털머위,
　　　　다복남천, 아잘레아, 바위취 등
관리 – 연간 약 6회

▶개요◀

녹화방식 – 가변식 기반, 일체형 입면녹화 시스템
하중조건 – 70kg／㎡
구조 – 식물과 토양이 셋트된 소형플랜터「픽셀포트」
　　　　와 픽셀포트를 수납하기 위한 격자형의 전용
　　　　프레임

POINT

• 캠퍼스 입구 정면의 입체주차장에 설치해 시멘트 벽의 압박감을 줄여 아름다운 그린이 학생과 방문
자를 맞이한다.
• 개화시기와 단풍시기를 활용한 디자인

에사카 (BIOTOPE 榎坂)

도심 속 식물에 둘러싸인 사무공간

도심 속 식물에 둘러싸인 사무공간

명칭 – 에사카(BIOTOPE榎坂)
용도 – 회원제 대여 라운지
준공 – 2010년 1월
면적 – 약 10㎡
관수 – 저면급수(저수식, 2주에 1회의 관리시 보충한다)
식물 – 아비스, 에크메아, 멕시코담쟁이, 필로덴드론 등
관리 – 2주에 1회

녹화방식 – 가변식 기반, 일체형 입면녹화 시스템
구조 – 식물과 토양이 셋트된 소형플랜터 「픽셀포트」
        와 픽셀포트를 수납하기 위한 격자형의 전용
        프레임
하중조건 – 70kg／㎡

POINT
• 비지니스맨을 위한 새로운 휴식공간과 회의실의 인테리어에 식물을 풍부하게 배치
• 도심속에서도 자연과의 동화를 느끼게하는 공간을 연출

다양한 식물 활용으로 디자인을 향상시킨 사례

 독자적으로 개발한 토양을 대신하는 획기적인 신소재 파흐칼（パフカル）은 우레탄 소재를 기재로 수분산소재（水分散素材）를 섞어 발포시킨 것이기 때문에 주위를 더럽히지 않는다. 중량은 물을 흡수한 상태에서 토양의 약 1/2 정도이다.

미용실【ZELE AVEDA】(코시가야 레이크타운/越谷レイクタウン)

폭 450mm의 유니트를 2열로 2개소에 설치해 하단부분에 탱크를 수납한 사례. 연출적인 의미와 빛의 확보를 위해서 스폿트라이트를 설치. 급수는 약 2주에 한 번 탱크를 보충한다.

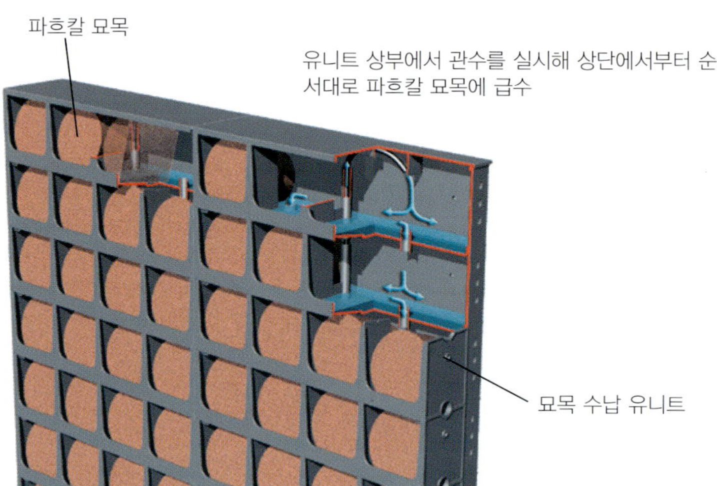

유니트 사이즈 W450mm×H112.5mm의 모듈을 가로세로로 연결시켜, 장소에 맞춘 자유로운 입면녹화가 가능하다. 급수방법은, 탱크식(순환타입)과 1차 급수직결식으로 크게 두가지의 관수방법이 있어 설치조건에 맞추어 선택할 수 있다. 또한, 급수제어 방법도 타이머식과 수위 센서식의 두가지가 가능하다. 꽃과 초화류의 조합도 자유자재로 조절할 수 있어, 설치장소와 공간 컨셉에 따라 희망에 맞추어 디자인을 제안할 수 있다.

호텔 뉴 오오타니

폭 450mm의 유니트를 1열로 쌓아 하단부분에 탱크를 수납한 사례. 무기질인 기둥을 녹화함으로써, 그린 라인이 시선에 들어오도록 연출했다. 급수는 약 2주에 한 번 탱크를 보충한다.

벽면용 플랜트를 설치해 식물을 하수시키는 디자인. 관수방법은 1차 급수를 직결시켜, 수위센서로 제어.
상록이며 꽃이 피는 식물을 적용, 준공 : 2008년 4월

상품개발센터

기존의 벽면용 플랜트는 흙을 사용하기 때문에 두께를 필요로 하고 무거운 것들이 많았다. 이 방법은 두
께 약 10cm(식물 부분 제외)의 박형(薄型, 슬림타입)으로 되어 있어 벽면에 부담을 주지 않는 경량설계(건
조시 : 약 5kg, 식재시: 약 12kg)이다. 베란다의 휀스와 외관 등에 설치 할 수 있다.
센서에 의한 자동관수로 급수 콘트롤을 실시해 필요한 분량의 물만을 사용한다. 또한 등반성 식물도 적용
할 수 있다.

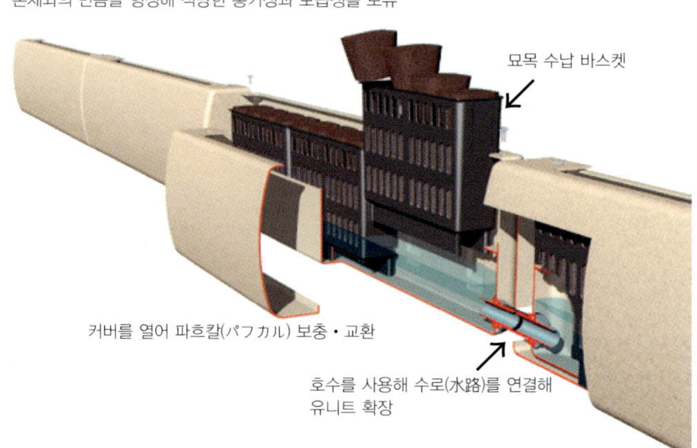

벽면용 플랜트를 설치해, 배관으로 접속한다. 배관과 정면의 커버는 노출시켜, 식물을 하수시키는 디자인.
관수방법은 1차 급수를 직결시켜 수위센서로 제어한다.
사용식물 : 포토스, 포트스 라임
시공시기 : 2008년 10월

첼시 네츄럴 스위토 (코시가야 레이크 타운)

제7장

입면녹화의 변화

1 입면녹화공법의 변천과 분석
2 초고층 건물의 입체녹화 구상
3 도시생태계의 회복

1. 입면녹화 공법의 변천과 분석(옥상 · 입면녹화에서 입체녹화로)

(1) 입면녹화의 필요성

도시의 인구증가 및 발전에 따라 인간이 추구하는 편리와 기능성에 의한 콘크리트 벽, 아스팔트 포장이 늘어남과 동시에 녹지는 감소되어 도시의 열섬현상은 심각해지고 있다. 이에 따라 열섬현상에 의한 기온상승뿐만 아니라, 생태계의 유지와 인간의 편안함을 위해 도시내 녹지가 절실히 요구되고 있으며, 옥상 · 입면녹화에 대한 관심이 높아지고 있다.

식물을 볼 수 있는 병실의 환자와 그렇지 않은 병실의 환자의 진통제 투여량으로 보고된 미국의 연구논문에서 알 수 있듯이 식물이 있을 때 심리적으로 안정됨을 누구나 느낄 수 있다. 식물의 소재적 특성은 물론이며, 특히 입면녹화는 도시경관적인 면에서 식별이 뛰어나 옥상녹화보다도 효과가 높다. 도시화에 의한 녹지의 손실은 그대로 도시인들의 마음의 황폐로 이어질 뿐 아니라 일사를 맞은 건물의 외벽은 높은 복사열을 반사시켜 보행자들에게 불쾌함을 주는 것으로 보고 된 바 있다. 입면녹화는 외벽과 건물변의 온도상승을 완화하고, 수증기를 발산함으로써 열섬현상 대책의 큰 역할을 하고 있다.

니반쵸 가든(二番町ガーデン)

신주쿠 아일랜드 타워(新宿アイランドタワー)

(2) 입면녹화 제1단계 – 토목구조물의 콘크리트를 감추는 경관배려

대표적인 사례가 (구)도로공단의 고속도로와 토목공사 옹벽의 입면녹화이다. 무관리형 입면녹화라고도 할 수 있다. 이 수법을 건축물에 응용한 사례가 나고야의 치쿠사 소극장이다. 이 수법은 인공지반이 아닌 지면에 직접심어 생육이 좋고, 초기비용의 적정가격, 저관리의 특징이 있다. 또한 디자인에 따라 아름답고 도입하기 쉬운 입면녹화를 연출할 수 있다.

게이요(京葉) 도로 외벽

치구사座   준공 4년 후의 모습

(3) 입면녹화 제2단계 – 2002년 아이치 EXPO의 『바이오 렁』

아이치 EXPO 당시 메인 전시장에서 입면녹화 이벤트가 실시됐다. 토양과 식재 회사들이
입면녹화분야에 참가했고, 이를 계기로 입면녹화가 사회적으로 널리 인식되기 시작했다.
『바이오 렁』계획은 EXPO협회가 골격을 만든 후에, 디자인은 각각의 회사에게 맡겨졌다.
그래서 대다수가 획일적이고 수직적인 면만을 만드는 것에 중점을 둔 것이 아쉬운 점인데,
다양한 디자인의 제안이 있어도 좋았을 것이라 생각한다. 입면녹화는 디자인적으로 무한
한 가능성을 가지고 있기 때문에 앞으로 디자인 개발의 아이디어에 따른 변화가 기대된다.

2002년 아이치 국제 박람회(愛知県長久手会場)

바이오 렁(BIO LUNG)

(4) 입면녹화 제3단계 – 조경디자이너 주도의 입면녹화(인테리어 포함)

최근 들어 디자이너가 주도하는 입면녹화에 대해 전 세계가 주목하고 있다. 엑스테리어로서는 파리의 브랑쉬 미술관(건축가 장 누벨과 조경가 페트릭 블랑의 협동작품), 인테리어로서는 긴자의 니콜라스·G·하이엑크 센터(건축 : 坂茂設計事務所, 조경 : オンサイト計画設計 事務所), 아트 작품으로는 카나자와 21세기 미술관(페트릭 블랑) 등과 같이 디자이너가 그 감성을 입면녹화로 표현해, 건축/인테리어/아트 디자인의 수법으로서 활용하기 시작함에 따라 본격적인 입면녹화의 관심이 시작되었다고 할 수 있다. 이들이 공간 속에 도입하는 아름다운 입면녹화는 시스템이기보다는 각 디자이너의 주관적 감성에 따른 것이기 때문이다. 신주쿠의 마루이 백화점 본관의 리뉴얼처럼 상업공간 전면을 녹화하는 사례도 호평을 받으며 늘어나고 있다.

니콜라스·G·하이에크 센터

카나자와(金沢) 21세기 미술관

(5) 미래의 도시녹화 – 옥상녹화와 입면녹화가 결합된 입체녹화

입체녹화는 도시내에 녹지를 조성하는데 있어, 생태계의 보존, 식물의 생육공간으로서 도시공원을 만드는 것과 같은 중요한 역할을 한다. 아크로스 후쿠오카(アクロス福岡), 남바파크스(なんばパークス)와 같이 건물의 형태를 기존의 틀에서 변형하여 계단형으로 옥상을 녹화할 경우, 충분한 식재공간을 확보할 수 있어 수목의 성장에 안정감을 줄 수 있고, 경관상으로는 입면녹화와 같은 이점을 가지고 있다. 또한 계단식으로 변형된 녹지를 회유하는 즐거움을 얻을 수 있을 뿐만 아니라, 친환경적이고 쾌적한 공간에서 각 공간의 용도에 따라 다양한 행태를 연출할 수 있다. 따라서 아름답고 즐거운 옥외환경의 창조에 더욱더 적극적으로 관심을 갖고 시행해 나가는 것은 매우 중요하다. 앞으로 입체녹화가 행정적으로도 도시에 녹지를 공급할 수 있는 도시개발의 한 수법으로서 정착되기를 기대한다. 그러기 위해서는 발주자에게 주어지는 행정상의 인센티브도 필요할 것이다.

아크로스 후쿠오카(アクロス福岡)

남바 파크스(なんばパークス)

2. 초고층 건물의 입체녹화 구상

※이 항을 읽기 전에 4장 7.식물과 바람을 참조.

현재의 초고층빌딩은 유리 혹은 알루미 외장 등의 대부분 무기질 재료로 만들어져 있는 경우가 많다. 그래서 항상 유기물인 식물로 마감된 외벽을 구성하는 것은 불가능한지 생각해 왔다.

거리의 경관은 건축물, 자동차와 토목 구조물로 이루어져 있다. 특히 고층 빌딩은 옥상에 비해서 벽면의 면적이 넓다. 현재의 초고층 빌등은 도쿄, 오오사카 등의 도시경관을 황폐화 시키고 있다. 식물을 잘 활용해 건축물에 도입하면 녹시율을 높일 뿐 만 아니라, 외벽면을 차열함으로써 외벽에 축척된 열의 야간방사를 막아주어, 열섬현상 방지대책과 빛의 반사 방지의 역할을 하게된다. 심리적으로도 좋은 인상을 준다. 이러한 초고층빌딩의 벽면녹화의 창조에 있어서 크게 2가지의 문제점이 있다.

1) 고층부의 강한 바람이 식물을 떨어트리는 현상
  – 이의 방지책으로는 메쉬를 양면에서 받쳐줄 것 (그림 8-1)
2) 풍속이 빨라지면 광합성을 방해한다.

바람이 강해지면, 식물은 본체의 수분증발을 방지하기 위해, 기공을 닫아버린다 (그림 8-2). 이렇게 되면 식물의 생장에 필요한 CO_2흡수와 호흡용의 O_2방출이 안 되, 광합성이 이루어지지 않아 죽어버리게 된다.

이를 방지하기 위해서는 빌딩주변의 풍속이 높아지지 않게하는 연구가 필요하다.

초고층빌딩의 중간부에 구멍(바람이 지나갈 공간)을 확보해, 바람을 내보냄으로서 건물주위의 바람을 약하게 해, 바람이 외벽을 따라 올라가거나 내려가는 현상을 감소시킨다 (그림 8-3). 옥상부분에 덮게를 저층부에 돌출된 시설을 설치한다 (그림 8-4). 평면적으로는 일정 간격으로 벽을 설치해 (그림 8-5, 6), 바람이 통하지 않도록 하는 것이 중요하다.

위와 같은 대책에 의해 반드시 식물이 자랄 수 있다고 단언 할 수는 없다. 어느 정도의 풍속에서 어떤 식물이 자랄 수 있는가에 대한 기초적인 연구가 중요하다.

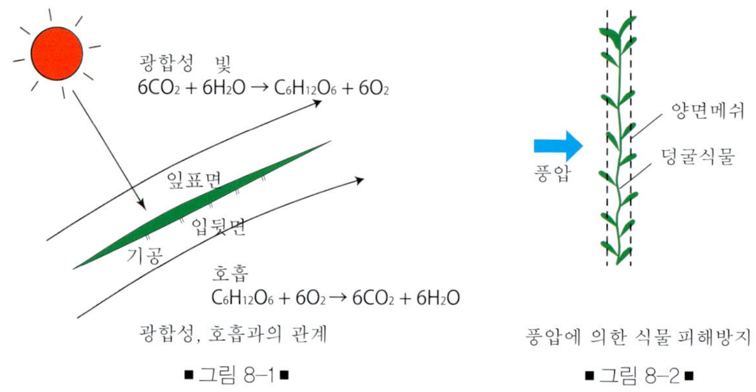

광합성, 호흡과의 관계   풍압에 의한 식물 피해방지

■그림 8-1■   ■그림 8-2■

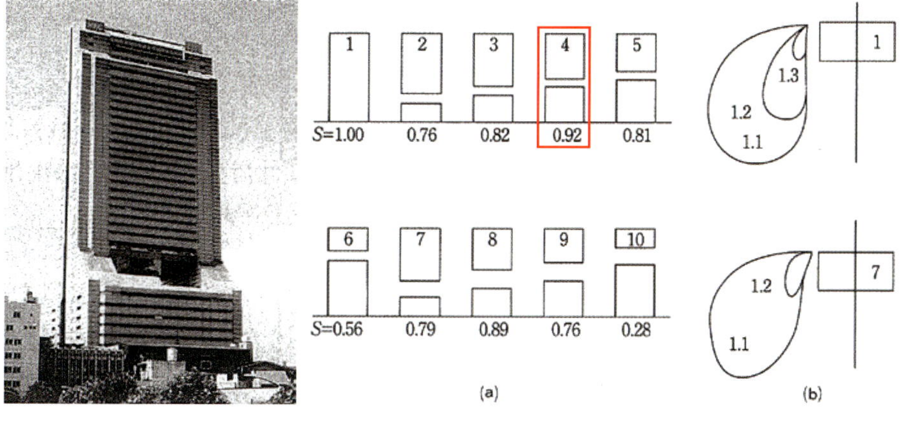

■ 그림 8-3 ■ 빌딩 중간부의 구멍에 의한 풍속증감율의 변화

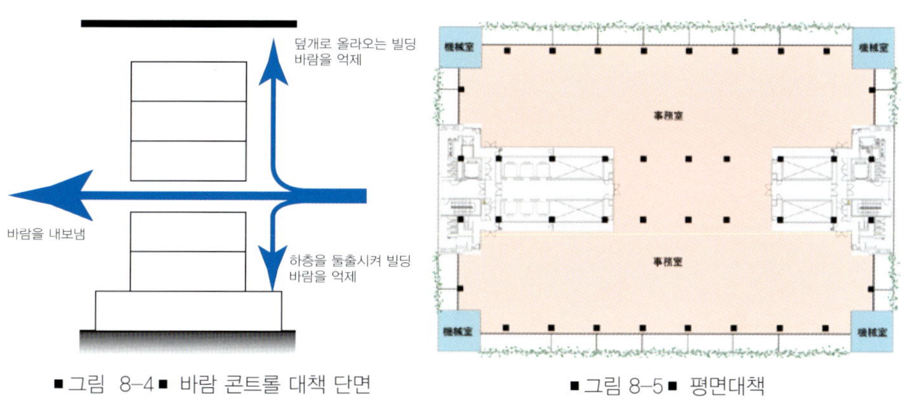

■ 그림 8-4 ■ 바람 콘트롤 대책 단면

■ 그림 8-5 ■ 평면대책

3. 도시생태계의 회복(옥상녹화와 지상녹화를 연결하는 입면녹화 구상)

식물에게 스트레스를 주지 않는 수평식재가 가능한 입면녹화의 개발로 플랜트 양면 시인형과 발코니 선단형을 융합해 크게 만든 모양이다. 식재기반이 수직면이 아닌, 수평면에 있어 식물에게 스트레스를 주지 않아 성장하기 쉬운 구조이다. 수분의 공급도 옥상에서부터의 수직공급(우수만으로 부족한 양은 상수에 의한 보급수) 및 수평 관수 튜브에 의한 관수가 가능하게 되어, 식물의 스트레스가 적어진다. 플랜트 양면 시인형에 의해 외부 경관 형성과 실내에서도 시야에 들어와 편안함을 얻을 수 있다.

장기적인 효과를 생각할 경우는, H망 구조에 의한 안정된 입면녹화가 이상적이고, 개보수나 단기적인 사용의 경우는 저렴한 가설 발판을 이용해 설치 할 수 있다.

중요한 것은 수평면에 식재함으로서 식물의 스트레스가 적고, 관수의 위험도를 줄여 외부에서 보이는 그린경관과 내부에서의 식별성에 의해 건물 내부의 사람들에게 편안함을 안겨준다. 건물에 있어서도 덮개 효과와 식물의 더블스킨으로 일조를 차단해주고 외벽의 축열을 보호해줌으로서 건물과 거리에 좋은 효과를 안겨다준다. 이러한 건물이 연속되면, 도시의 경관과 생태계가 크게 증진될 것이다.

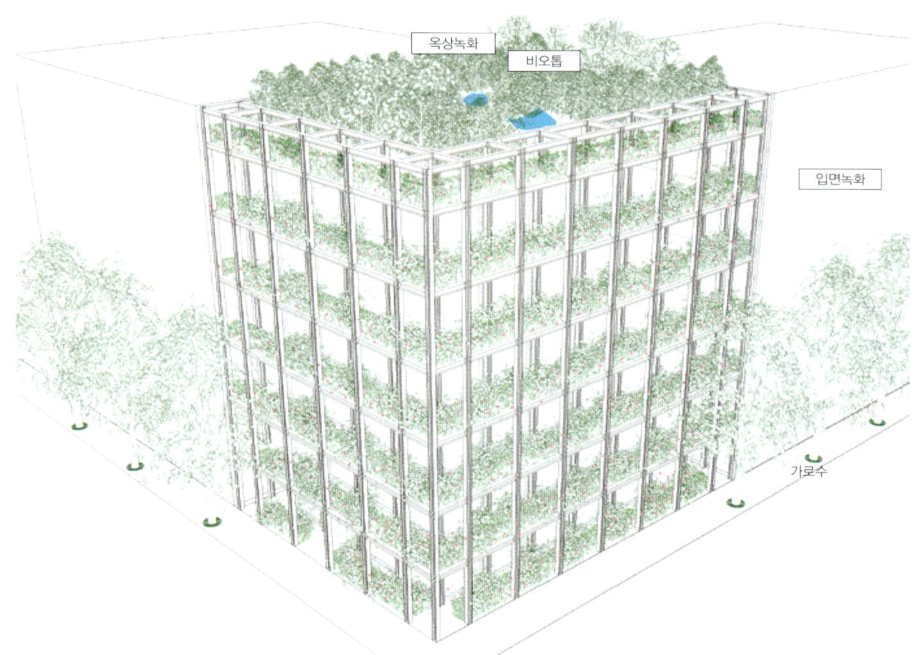

■그림 8-6■ 옥상녹화, 입면녹화 및 가로수로 형성된 생태계

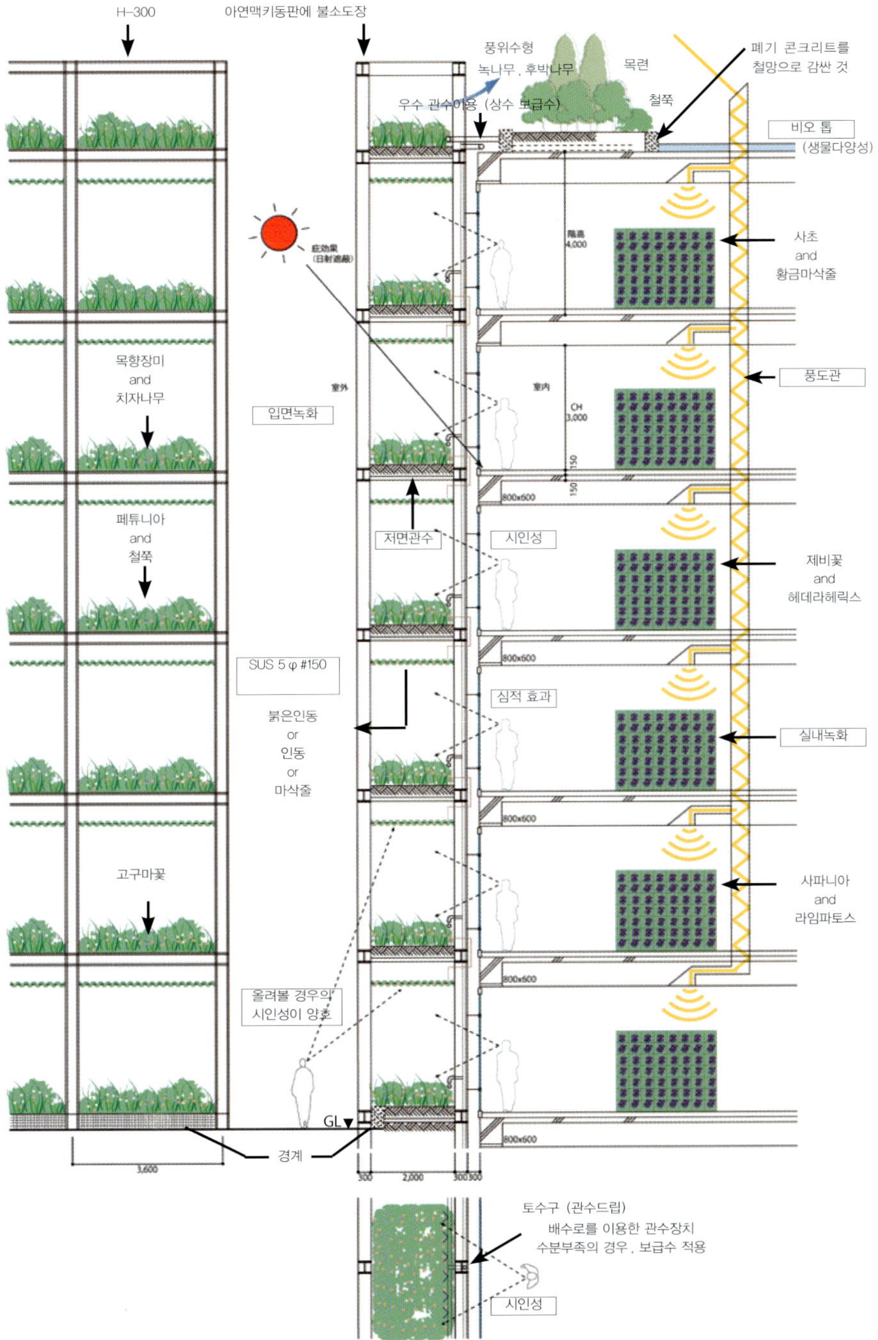

■그림 8-7■ 식물의 생육을 우선적으로 고려한 입면녹화의 예

여기서 소개하는 입면녹화 사례들은 대부분 집주인들이 적은 비용으로 정원을 가꾸듯 관리하고 만들어낸 경관들이다. 입면녹화는 일반적으로 비용이 많이 든다는 선입견이 있어 널리 보급되지 않는 경향이 있는데, 고가의 식재기반이 아니어도 지속적인 관리가 훨씬 더 아름다운 경관을 유지시킬 수 있음을 반증하는 사례라 할 수 있다.

동경도 세타가야구 소시가야
(東京都世田谷区祖師谷)

피라칸사스를 건물 입구쪽 벽면에 일정한 사각의 망 형태로 유인성장시켜 이루어낸 경관. 장기간에 걸쳐 꾸준히 관리가 이루어지지 않았다면 이러한 깔끔한 이미지를 연출하기 힘들었을 것이다.

동경도 세타가야구의 쿄오도
(東京都世田谷区経堂)

현관에서부터 건물까지 길게 이어진 길의 양 벽을 푸미라가 한치의 빈틈없이 아름답게 뒤덮고 있다. 식물의 볼륨감으로 이 집의 역사를 느낄 수 있게 해준다. 벽이 녹화되어 있지 않았다면 조금은 삭막하게 느껴졌을 거라 생각된다.

동경도 세타가야구 후나바시
(東京都世田谷区船橋)

노인요양시설의 도로측 화단에 캐롤라이나 쟈스민을 식재해 등반시킨 입면녹화. 주변을 지나다 보면 캐롤라이나 쟈스민의 향기가 먼저 다가온다. 건축물의 세개의 기둥을 타고 올라온 식물의 볼륨감이 시멘트 마감의 건물에 자연스러움을 더해주어 눈에 띈다.

동경도 세타가야구 소시가야
(東京都世田谷区祖師谷)

3, 4월에 일본의 주택지 등에서 비교적 눈에 많이 들어오는 중국쟈스민, 특유의 향기가 있어, 개인에 따라 선호도의 차이가 있지만, 성장이 왕성해, 일반화분이나 폿트에 식재해 두면, 관수이외의 다른 관리가 필요없이 하수하여, 짧은 기간동안이긴 하지만 충분히 계절감을 즐길 수 있다.

동경도 세타가야구 미야시타
(東京都世田谷区宮下)

주차장의 벽을 담쟁이 덩굴로 등반시켜 단조로움을 없애기 위해, 꽃이 피는 식물의 행잉 바스켓을 규칙적으로 걸어줌으로써 벽면을 한층 더 돋보이게 연출했다.

동경도 세타가야구 후다코타마가와
(東京都世田谷区二子玉川)

도로 구석에 위치한 한 레스토랑의 모습. 큰 길에서 안 쪽으로 들어가 입지적으로는 그다지 좋은 곳에 위치하지는 않았지만, 식재공간을 충분히 확보해 Hedera를 등반, 하수시켜서 지나는 사람의 눈길을 끌게 한다.

동경도 세타가야구 마사공원 내
(東京都世田谷区馬事公園内)

어디서나 볼 수 있는 일반적인 휀스에 덩굴장미의 일종인 황목향화를 식재함으로서 꽃의 벽을 아름답게 연출했다. 벗꽃이 피는 시기에는 2색이 어우러져 마치 풍경화를 보는 듯이 아름다운 경관을 즐길 수 있다.

가나가와현 가와사키시 이쿠타(神奈川県川崎市生田)

한적한 주택가의 모서리에 위치한 집의 발코니에 덩굴장미를 식재해, 지나가는 사람들의 눈을 즐겁게 한다.

동경도 스기나미구 고엔지(東京都杉並区高円寺)

오래 전부터 있는 한 상점가의 자그마한 가게. 옥상정원의 충분한 식재기반을 활용해, Hedera를 하수시켜, 잎이 푸르르고 광택까지 띄고 있어, 왕성한 성장상태를 멀리서도 한 눈에 알 수 있다. 특별한 관리 없이, 자라난 부분을 1층에서 사람들이 드나들 수 있도록 잘라주기만 하면 된다.

동경도 세타가야구 쿄오도(東京都世田谷区経堂)

사람들의 왕래가 많은 주택가의 좁인 길에 위치한 주택의 2층 발코니에서 다양한 종류의 다육식물을 하수시켰다. 이 길을 지나다보면 이 집의 주인아주머니가 하루에도 몇 번씩은 손질을 하고 계신 모습을 볼 수 있다.

동경도 분쿄우구 (東京都文京区)

일반적인 등나무의 식재 유도방식과는 다르게 등나무를 길게 유인시켜 색다른 이미지로 연출하였다.

동경도 나카노구(東京都中野区)

발코니의 상부에는 행잉바스켓을 걸어두었고, 휀스의 아래쪽에 식재공간을 확보해 성장이 왕성한 1년생의 하수형 식물을 늘어트려 유럽풍의 건물디자인과 잘 어울린다.

동경도 세타가야구 사쿠라가오카
(東京都世田谷区桜ヶ丘)

집 둘레의 ㄱ자의 벽에, 상부의 휀스에는 행잉바스켓을 하단에는 화분을 활용해, 꽃이 피는 식물과 칼라 리프 (color leaf)를 잘 조화시켜 두었다.

1년 365일 하루도 빠짐없이 90세는 되셨을 듯 하신 할아버지가 애정을 쏟아 관리하고 계신다. 항상 같은 식물이 아니라 그때그때 계절의 꽃으로 교환해 주신다.

부록2 _ 식물리스트

한국명	학명	일본명
Reineckea carnea	Reineckea carnea	キチジョウソウ
Trachelospermum sp	Trachelospermum sp	ニシキテイカ
개모밀	Polygonum capitatum	ヒメツルソバ
기린초	Sedum kamtschaticum	キリンソウ
꽝꽝나무	Ilex crenata	イヌツゲ
나팔꽃	Ipomoea nil	アサガオ
남오미자	Kadsura japonica	ビナンカズラ
노박덩굴	Celastrus orbiculatus	ツルウメモドキ
눈향나무	Juniperus procumbens	ハイビャクシン
능소화	Campsis grandiflora	ノウゼンカズラ
다복남천	Nandina domestica ‘Otafukunanten’	オタフクナンテン
담쟁이덩굴	Parthenocissus tricuspidata	ナツヅタ
도깨비고비	Cyrtomium falcatum	オニヤブソテツ
돌가시나무	Rosa wichuraiana	テリハノイバラ
등나무	Wisteria floribunda	フジ
등수국	Hydrangea petiolaris	ツルアジサイ
란타나(칠변화)	Lantana camara	ランタナ
로즈마리	Rosmarinus officinalis	ローズマリー
마삭줄	Trachelospermum asiaticum	テイカカズラ
맥문동	Liriope muscari	ヤブラン
멀꿀	Stauntonia hexaphylla	ムベ
멕시코돌나물	Sedum mexicanum	メキシコマンネングサ
무늬배풍등	Solanum jasminoides	ツルハナナス
바위취	Saxifraga stolonifera	ユキノシタ
베고니아	Begonia	ベゴニア
부겐빌리아	Bougainvillea glabra	ブーゲンビリア
붉은인동덩굴	Lonicera sempervirens	ツキヌキニンドウ
붓꽃	Iris gracilipes	ヒメシャガ
비그노니아	Bignonia capreolata	ビグノニア
비비추(호스타)	Hosta montana	ギボウシ
빈카마요르	Vinca major	ツルニチニチソウ
빈카마이너	Vinca minor	ヒメツルニチニチソウ
산호수	Ardisia pusilla	ツルコウジ
소엽맥문동	Ophiopogon japonicus	リュウノヒゲ
송악	Hedera canariensis	ヘデラカナリエンシス
송엽국	Lampranthus spectabilis	マツバギク
수세미	Luffa cylindrica	ヘチマ

한국명	학명	일본명
시계꽃	Passiflora caerulea	トケイソウ
알라만다	Allamanda cathartica	アラマンダ
암남천	Leucothoe catesbaei	セイヨウイワナンテン
애기말발도리	Deutzia gracilis	ヒメウツギ
얼룩조릿대	Sasa veitchii	コグマザサ
여주	Momordica charantia	ゴーヤ
영산홍	Rhododendron indicum	サツキツツジ
으름덩굴	Akebia quinata	アケビ
인동덩굴	Lonicera japonica	スイカズラ
자금우	Ardisia japonica	ヤブコウジ
제라늄	Pelargonium graveolens	ゼラニウム
조롱박	Lagenaria siceraria var. gourda	ヒョウタン
줄사철나무	Euonymus fortunei	アメリカツルマサキ
초설마삭	Trachelospermum asiaticum 'Hatuyukikazura'	ハツユキカズラ
치자	Gardenia jasminoides var. radicans	コクチナシ（ヒメクチナシ）
캐롤라이나자스민	Gelsemium sempervirens	カロライナジャスミン
코토네아스타	Cotoneaster	コトネアスター
크리스마스로즈	Helleborus niger	クリスマスローズ
큰꽃철쭉	Rhododendron X pulchrum	ヒラドツツジ
클레마티스	Clematis	クレマチス
키위	Actinidia chinensis	キウイ
타임	Thymus vulgaris	タイム
털머위	Farfugium japonicum	ツワブキ
포도	Vitis spp.	ブドウ
폴리고늄	Polygonum aubertii	ナツユキカズラ
푸미라	Ficus pumila	オオイタビ
피라칸사	Pyracantha angustifolia	ピラカンサ
학자스민	Jasminum polyanthum	ハゴロモジャスミン
헤데라	Hedera	ヘデラ類
헤데라헤릭스	Hedera helix	ヘデラヘリックス
홍지네고사리	Dryopteris erythrosora	ベニシダ
황금줄사철나무	Euonynus fortunei	アメリカツルマサキ
황산계수나무 (스키미아)	Skimia japonica	ミヤマシキミ
회양목	Buxus microphylla	ツゲ

마무리

NPO옥상개발연구회 기술개발분과위원회 입면녹화실무팀에서는 6년전부터, 『아름다운 입면녹화』와 『그린이 있는 아름다운 거리』에 대해 추구해 왔습니다. 입면녹화 실무팀은 실재로 입면녹화에 관여하고 있는 멤버로 구성되어 있어, 입면녹화에 대한 높은 문제의식과 기술적인 배경·경험을 가지고 있습니다. 여기에 현재까지의 활동성과의 일부를 정리했습니다.

일본에서의 입면녹화는 2002년부터 시작된 옥상·벽면녹화의 의무화, 2005년의 아이치(愛知)EXPO의 바이오 렁 전시등에 의해, 사회적으로 급격히 관심도가 높아졌습니다. 이에 입면녹화의 새로운 기술도 줄줄이 늘어나, 종래의 담쟁이 녹화에서 탈피해, 경관적으로도 크게 개선되었습니다. 하지만 이들 기술들은 지속적으로 아름다운 상태를 유지하기에는 부족한 것이 대부분이었습니다. 옥상보다 열악한 환경에서 아름답고 건강하게 식물을 키우는 것은 대단히 어려운 일입니다.

이 책에서는 실적높은 입면녹화의 사례를 대상으로, 아름답다고 느끼는 인간의 오감에 의한 평가구조를 분석해, 입면녹화의 효용과 효과를 검증한 설계, 시공, 유지관리에 대해서 종합적으로 연구해 온 결과와 벽면녹화의 가능성에 대한 제안을 각각 멤버들이 분담해서 집필하였습니다.

이 책을 제작하면서, 아직 입면녹화에는 검토해야 할 과제가 많이 있다고 느꼈습니다. 입면녹화가 도시생태계에 끼치는 영향과 효과, 녹시율의 증대를 가져오는 거리의 미화효과와 경제적인 가치 창조의 검토, 도시의 생활환경개선에 미치는 물리적·생리적·심리적 효과의 파악 등의 연구, 구체적으로는 초고층 빌딩의 입면녹화를 달성하기 위한 식물과 바람의 관계가 더욱더 연구되어야 하며, 다양한 실험과 시뮬레이션이 필요합니다. 입면녹화야 말로 장래의 도시환경개선의 중요한 수단이 될 경관재료·기술이 될 것입니다. 21세기의 도시만들기에 요구되는 입면녹화는 형태적인 특색을 살려, 경관적으로도 상당히 큰 역할을 하기 때문에, 도시의 녹화로서 적합합니다. 또한 경관뿐만 아니라, 공원등의 지상의 녹지와 옥상녹화 공간에서 살고있는 생물의 움직임을 연결시켜 네트워크화 하는 역할도 효과적이라 생각합니다.

이 책이 입면녹화의 기술수준의 향상에 조금이나마 도움이 되기를 바라며, 남겨진 환경과제의 기초자료가 되어, 쾌적하게 생활할 수 있는 도시환경 창출에도 도움이 되기를 기대합니다.

저희 입면녹화실무팀에서는 앞으로도 도시생태학, 도시기상학, 도시심리학의 시점에서 본 그린의 바람직한 역할은 물론, 입면녹화에 관한 사례, 기술을 통해 도시의 美를 제안해 나갈 것입니다.

입면녹화실무팀의 활동에서는 현재 활약하고 있는 조경가들을 다수 강사로서 초청해 귀중한 이야기를 들었습니다. 그러한 것들도 이 책의 집필에 많은 도움이 되었습니다. 이 자리를 빌어 진심으로 감사말씀 드립니다.

2012년 6월

NPO법인 옥상개발연구회 기술개발분과위원회 입면녹화실무팀